刘志刚　曹安业　◆ 著

坚硬顶板宽煤柱诱发冲击的显现特征及爆破降能减冲技术

U0250175

中国建筑工业出版社

图书在版编目（CIP）数据

坚硬顶板宽煤柱诱发冲击的显现特征及爆破降能减冲技术 / 刘志刚，曹安业著 . —北京：中国建筑工业出版社，2022.6
ISBN 978-7-112-27542-7

Ⅰ.①坚… Ⅱ.①刘…②曹… Ⅲ.①煤矿开采—坚硬顶板—保安矿柱—冲击地压 Ⅳ.① TD350.4

中国版本图书馆CIP数据核字（2022）第107818号

冲击地压是煤炭开采过程中较为典型的一类动力灾害，本书针对采场冲击机理及冲击地压治理措施开展系列研究，主要介绍了坚硬顶板宽煤柱诱发冲击的显现特征及爆破降能减冲技术，内容包括：坚硬顶板宽煤柱采场冲击显现特征分析、采场结构演化特性及冲击失稳机制分析、承压岩体爆破诱能降载试验研究、煤岩介质内部爆破诱能降载原理研究、采场顶板爆破诱能降载参数优化、采场冲击地压防控工程实践等。本书适合从事矿山开采的工程技术和管理人员参考使用。

责任编辑：万　李
责任校对：孙　莹

坚硬顶板宽煤柱诱发冲击的显现特征及爆破降能减冲技术
刘志刚　曹安业　著
＊
中国建筑工业出版社出版、发行（北京海淀三里河路9号）
各地新华书店、建筑书店经销
北京海视强森文化传媒有限公司制版
北京建筑工业印刷厂印刷
＊
开本：787毫米×1092毫米　1/16　印张：11¼　字数：213千字
2022年6月第一版　2022年6月第一次印刷
定价：**46.00**元
ISBN 978-7-112-27542-7
　　（39721）

前　言

目前，随着我国煤炭资源的开采强度和开采深度的不断增大，煤矿开采面临的开采条件和地质条件的复杂程度也越来越大，发生冲击地压灾害的频度和强度呈现上升趋势，冲击地压已成为我国煤矿采掘面临的重大安全问题。冲击地压是矿山井巷和采场周围煤岩体由于变形能释放而产生的以突然、急剧、猛烈的破坏为特征的动力现象，有时甚至导致地面晃动、地表塌陷、建筑物损坏、造成人员伤亡和设备损坏等严重后果。据不完全统计，截止到2019年年底我国冲击地压矿井数量已达200余座，每年发生破坏性冲击地压次数由过去的十余次增加到几百次。冲击地压事故发生，暴露出冲击地压防治形势依然严峻，治理任务十分艰巨，也必然促进冲击地压研究向更高的科学化研究阶段发展。冲击地压发生机理、冲击地压监测预警技术、冲击危险性评价方法、冲击地压防治技术、冲击地压巷道支护技术等仍需要深入研究。

本书针对坚硬顶板宽煤柱诱发冲击的显现特征及爆破降能减冲技术进行深入研究，力求为有效指导坚硬顶板宽煤柱留设条件下工作面布置和巷道支护以及爆破卸压等工作提供理论支撑，为煤矿安全开采提供基本的理论支持和技术保障，为探索冲击地压防治研究提供新思路、新途径。

本书的研究内容围绕着煤矿冲击地压发生的机理、采场覆岩结构的运移理论、坚硬顶板采场结构诱冲机理、煤柱失稳特征及机理、采场结构爆破处理方法及爆破卸压原理，采用理论分析、数值模拟、室内试验、正交试验、现场试验等研究方法，研究针对内蒙古呼吉尔特矿区相似条件下坚硬顶板诱发冲击地压的机理，为相似条件下的顶板冲击灾害监测预警和防治工作提供指导；依托冲击倾向性煤层提出"冲击承载结构"和"冲击施载结构"两种组成部分的搭配和排列的"采场结构"；根据正交试验方法探讨"采场结构"不同搭配和排列条件下的诱冲主控因素，理论推导"采场结构"中"平衡静载荷"与"失稳动荷载"的力学模型，探索"采场结构"动静载叠加应力分布一般规律；采用三轴承压状态试样爆破试验方法，对承压状态煤岩体的爆破诱能机理进行研究，并基于三轴应力加载与声发射监测技术来探索爆破诱能的本质特性；通过现场试验探究深孔柱状装药结构的卸压爆破降载机理，并围绕不同装药量、不同承压值、不同承爆介质条件下受爆破动载影响煤岩体所产生的能量耗散演化过程运用数值模拟方法进行分析；采用离散元数值分析和现场实测方法对侧向多层悬顶采场结构、采空残留悬顶采场结构，采取预裂爆破强制放顶技术后的顶板垮落情况与应力转移效果进行数值模拟分析，以期获得合理的切顶孔参数。

本书内容共分为8章：第1章介绍了冲击地压研究现状，总结了国内外的研究成果与存在的不足；第2章分析了坚硬顶板宽煤柱采场冲击显现特征，并以呼吉尔特矿区为例对采场冲击地压显现特征进行说明，根据冲击显现形式及顶板覆岩运动的一般规律，将简单地质构造坚硬顶板宽煤柱采场结构分为两类：侧向多层悬顶采场结构、采空残留悬顶采场结构；第3章分析了采场结构演化特性及冲击失稳机制，主要包括采场结构载荷特性分析、采场结构演化特征分析软件选择及模型建立、侧向多层悬顶采场结构演化特征分析、工作面回采覆岩结构演化规律、采空残留悬顶采场结构演化特征分析、采场结构诱冲主控因素分析；第4章对承压岩体爆破诱能降载进行了试验研究，研究了不同装药条件下的三轴承压状态岩样内置爆破作用的应力响应、声发射响应与宏观破裂特征；第5章采用数值模拟方法研究了煤岩介质爆破诱能降载，分析了不同装药量、不同加载应力、不同承爆介质条件下的卸压效果；第6章对采场顶板爆破诱能降载参数优化进行研究，提出了冲击施载结构弱化技术及方案。采用数值模拟分析了上区段工作面预切顶孔抑能效果、本工作面切顶孔抑能效果，并对冲击施载结构超前及侧向预裂参数确定进行了研究；第7章选取门克庆煤矿3102工作面作为采场冲地压防控工程实践基地，进行了工业性试验；第8章为主要研究结论介绍。

本书是以第一作者博士学位论文为基础，并整理总结参与的国家自然科学基金项目（51674253，51734009）、国家重点研发计划项目（课题编号：2016YFC0801406，2016YFC0801403）江苏省基础研究计划（自然科学基金）面上项目（课题编号：BK20171191）、江苏省高效优势学科建设工程资助项目（PAPD）等部分成果，在进一步深化总结的基础上完成的。特别感谢博士生导师曹安业教授及以窦林名教授为带头人的中国矿业大学冲击矿压课题组对于本书在编写过程中提供的全程指导。感谢牟宗龙教授、巩思园副研究员、贺虎副教授、何江副教授、蔡武副教授、李许伟副教授、王桂峰副研究员在本书写作过程中对于数据分析、写作思路等方面的指导。感谢沈威博士、柴彦江博士、曹晋荣博士在本书编写过程中的持续帮助。感谢李振雷讲师、朱广安讲师、刘广建博士、温颖远博士、陈凡硕士、薛成春博士、李静博士、王常彬博士、刘赛硕士、井广成硕士在本书试验开展、数据处理等方面的支持。感谢山东科技大学潘立友教授、邹德蕴副教授、赵同彬教授、陈理强讲师、郑朋强副教授、胡善超副教授等在本书写作过程中提供的写作思路指导。

本书由山东科技大学尚文政、袁健博协助版面整理，由山东敬泰工程科技有限公司李锦秀、韩帅、于磊、游武超、张诗画、王成玮统稿。

坚硬顶板宽煤柱诱发冲击的显现特征及爆破降能减冲技术这一课题的研究，对于深入研究冲击地压发生机理和防冲卸压方法具有一定的指导意义。本书在研究的深度与广度上，还有待进一步加强。由于笔者水平有限，不妥之处在所难免，敬请读者不吝指正。

目　录

1

绪论

1.1 背景及意义

据国家统计局及中国煤炭工业协会统计数据，1978年至2017年，全国煤炭产量由6.2亿t最大增加到39.7亿t；累计生产煤炭688亿t，占全国一次能源生产总量的75%左右。自2001年以来，我国煤炭查明资源储量一直保持稳定增长态势。据自然资源部统计数据显示，2016年煤炭查明资源储量1.60万亿t，比上年增加316.90亿t，增长2.0%，且新增煤炭储量多数为深部赋存，煤炭资源开采逐步进入深部开采阶段。初步核算，2017年能源消费总量44.9亿t标准煤，比上年增长2.9%，煤炭资源消费增速有所放缓，但煤炭消费量占一次能源消费量的比重仍高达62%，一段时间内煤炭仍将是我国第一基础能源。

冲击地压是煤炭开采过程中较为典型的一类动力灾害，极易造成采场支架、设备、井巷破坏，严重时会造成现场作业人员伤亡。我国受冲击地压灾害威胁的矿井或矿区分布由过去的北京、山东、阜新、开滦、大同、抚顺等地区，扩大到现在的徐州、义马、华亭、新疆、陕西、内蒙古、山西、东北等地区，我国所有煤炭主产区均出现了冲击地压灾害，给煤矿生产及职工安全带来了极大威胁。

据统计发现，冲击地压在回采、掘进、检修、停产等多个生产工序中均会发生。尤其在回采状态的采场中，煤炭回采导致顶板悬露，当悬露达到一定程度后顶板会突然失稳破断，产生的动载传递至高静载应力区域就极易诱发冲击地压。通过对我国受冲击地压影响的义马、鹤岗、华亭、呼吉尔特等矿区的500余起冲击地压显现情况进行统计，可以发现在生产工序中，回采期间冲击地压发生占比69%左右，且多数出现在工作面巷道内，其中呼吉尔特深部矿区冲击地压全部发生在回采期间，回采期间的冲击地压显现与采场结构、地质构造等因素有密切关系。

按照诱冲主控因素的不同，冲击地压可分为煤柱、坚硬顶板、褶曲和断层四类。其中坚硬顶板是指在煤矿开采中，开采煤层上覆的具有厚度大、强度高、自承能力强、整体性强等特点的坚硬的砾岩、砂岩或石灰岩等岩层，上述岩层在采空区上方极易形成大面积悬顶，且短期内不易自然冒落。据不完全统计，我国主产矿区有50%以上的煤层顶板存在坚硬顶板类型，主要分布在内蒙古、陕西彬长、山西大同、北京、河南义马、黑龙江鹤岗、山东、乌鲁木齐等矿区，上述矿区主采煤层上覆顶板岩性主要是砂岩和砾岩，煤层开采后容易形成大面积悬顶，存在冲击地压发生的典型厚硬顶板条件。随着机械化综采技术的大力推广，有接近40%的厚硬顶板综采工作面存在潜在顶板动力灾害问题。冲击地压灾害事故中，导致群死群伤的多为坚硬、厚层顶板诱发的冲击地压灾害，根据国家事故查询系统的数据统计，2011—2018年，我国煤矿共发生顶板事故33起，导致136人死亡，其中就有顶板诱发的冲击地压事故造成的伤亡，如2017年1月，山西某煤业公司发生顶板事故，造成9人死亡；2017年11月，辽宁沈阳某公司某矿发生冲击地压事故引发702综采工作面运输顺槽约220m巷道顶板冒顶，造成10人死亡；2018年10月，山东某煤业有限公司发生冲击地压事故引发巷道顶板冒顶，造成21人死亡。

顶板岩层结构，特别是煤层上方坚硬厚层顶板是影响冲击地压发生的主要因素之一，其主要原因是坚硬厚层顶板结构容易积聚大量的弹性能。顶板厚度越大，导致的集中应力越高、动载越强，厚度5~30m的厚硬砂岩顶板极易诱发冲击地压显现。坚硬顶板所诱发冲击地压造成的破坏范围一般较大，而且在现场引起的震动、声响等现象较为突出，冲击破坏形式多表现为工作面支架破坏、采煤机等重型设备偏移、巷道顶板下沉，其冲击作用源以顶板破断引起的强动载及顶板运移引起的静载应力场重分布为主，而其冲击破坏承载体主要为采场巷道、工作面支架等。

区段煤柱作为一种有效的护巷方法被多数现场使用，目前对于区段煤柱的留设参数并无可靠计算手段，主要依靠现场经验来获取，因此在我国近几年受冲击地压灾害威胁的新开发矿区，如内蒙古呼吉尔特矿区、陕西彬长矿区、甘肃华亭矿区等，其区段煤柱设计往往借鉴其他矿区的经验值，但其适用性往往较差。煤柱自形成直至失稳是一个渐进的屈服过程，前期煤柱以渐进式破坏为主，因此安全问题并不会凸显，但随着时间的推移和回采的扰动，很多矿井就开始面临区段煤柱失稳破坏的威胁。

例如，大同忻州窑矿11号煤层回采过程中临空巷道多次发生冲击地压，该矿8935工作面回风顺槽为临空巷道，在整个工作面回采过程中，回风顺槽煤柱侧发生冲击地压事故30余起。内蒙古巴彦高勒矿102工作面护巷煤柱宽度为30m，上区段工作面已回采完毕，受采空区及煤柱影响，102工作面回采期间，回风顺槽（临空巷道）超前工作面15~25m范围内矿压显现强烈，多次出现巷道煤帮突然变形等情况，显现时地面有震感。彬长胡家河矿401102工作面泄水巷与采空区间留有40m宽煤柱，受采空区及煤柱影响，共发生9次冲击地压显现，均有不同程度的煤柱失稳及底鼓现象。甘肃华亭矿250102工作面与采空区之间留有20m区段煤柱，工作面回采期间发生了数十次冲击地压显现，震源定位显示震动主要集中在20m煤柱中。

不合理的煤柱尺寸极易引起巷道应力集中，受采掘扰动、放炮、构造或坚硬顶板破断影响极易诱发冲击地压，该类冲击地压破坏形式主要为煤柱的突然失稳与巷道底板的瞬间鼓起。作用在煤柱上的力可以分为煤柱内本身静应力场的静载荷和附加动载荷，而静载荷的集中程度一般为诱冲主要因素。

随着西部煤炭资源的逐步开发，不同于东部煤炭赋存条件的新矿区逐步开始呈现在世人面前。西部矿区，如内蒙古呼吉尔特矿区，在高产高效思路影响下，很多矿井设计未充分考虑冲击地压问题，导致矿区内所属矿井的冲击地压发生强度、破坏程度、发生频次等呈现出增长之势。我国上述矿区普遍存在"宽区段煤柱+坚硬顶板"的采场结构，现在已有多对矿井采场内出现冲击地压现象，虽然未造成较大人员伤亡，但冲击现场巷道破坏较为严重，冲击地压频次及强度都较高，对采场安全带来极大威胁。目前针对上述矿区的采场诱冲机理及防治措施研究相对较少，单纯生搬硬套东部矿区防冲经验已然无法适用于西部矿区冲击地压防治现状，因此，亟需针对上述矿区的冲击机理及有效防治措施等方面开展系统研究工作。鉴于上述情况，本书将依托内蒙古呼吉尔特矿区采场冲击地压实际情况，针对采场冲击机理及冲击地压治理措施开展研究，本书成果对于呼吉尔特矿区及相似条件下采场冲击地压灾害治理具有较好的科学意义和现实价值。

1.2 采场覆岩结构运移理论研究

采场的出现使原有地应力场发生了改变，采场周围形成了各种结构条件下的变化应力场，如覆岩结构的运移变化将会引起采场顶板应力场重新分布，这对采掘活动的安全具有重要影响。

国内外学者对于覆岩运动进行了大量研究，经过了"启蒙—发展—成熟"的研究发展历程，提出了"压力拱""悬臂梁""铰接岩块""预成裂隙"等假说，在此基础上我国学者对采场覆岩结构理论进行了升华。钱鸣高等在"砌体梁"结构研究的前提下重点分析了关键块的平衡关系，提出了"砌体梁"关键块滑落与转动变形失稳的"S-R"条件。建立了煤层采场基本顶周期来压的"短砌体梁"和"台阶岩梁"模型，进一步揭示了顶板结构滑落失稳为工作面基本顶来压明显和顶板台阶下沉的主要原因。并从两层坚硬岩层破断顺序开展研究，揭示了煤层上覆关键层载荷分布规律及其对关键层破断顺序的影响，并由此建立了覆岩中关键层位置判别方法。

另外，宋振骐等通过对大量煤矿井下现场实测数据进行归类分析，提出了"传递岩梁理论"，该理论的提出对于研究采场应力场分布一般规律特征具有重要意义，可以对覆岩结构状态下煤层中支承应力分布所呈现出的"内-外应力场"特征进行理论推导，从规律性研究揭示了采场覆岩运动对工作面支承应力的影响。

采场覆岩结构形态演化，对于预测采场应力环境变化规律具有重要实际意义。

窦林名、贺虎等对采场覆岩边界状态进行了细化研究，根据覆岩运移演化规律将其空间形态分为OX、F、T型3类，并对OX-F-T覆岩形态之间的演化特征进行了理论研究，阐述了不同覆岩形态下的破断运移规律，为采场覆岩破断引发的冲击地压灾害诱发机理研究打下了理论基础。曹安业等针对厚硬岩层下孤岛工作面开采"T"型覆岩结构进行了进一步分析，并针对其演化特征开展了研究。侯玮等对三面采空孤岛工作面的覆岩结构开展了研究，提出了覆岩的"C"型空间结构，揭示了三面采空孤岛工作面开采初期和开采期间岩层运动诱发冲击地压灾害的规律，探索了"C"型覆岩空间结构采场采动阶段诱发动力灾害的原因。史红等以华丰煤矿残留煤柱为研究对象，提出了覆岩"S"型空间结构，并分析了"S"型覆岩空间结构在遗留煤柱中施加的静态应力和动态应力。于斌等建立了特厚煤层开采大空间采场岩层结构演化模型，对大同矿区特厚煤层开采过程中强矿压发生机理进行了探讨，发现采场覆岩远、近场关键层破断运移对特厚煤层综放开采工作面均会产生不利影响，从覆岩结构形态来看采场覆岩以"竖O-X"与"横O-X"形态为主。

我国学者对特定条件下的采场覆岩运动及其带来的应力场分布变化也做了大量研究。邸帅等利用理论及相似模拟试验方法对大采高综采工作面覆岩运动及支承压力分布特征进行了研究，在考虑中间主应力对屈服函数影响的前提下对大采高综采工作面动载系数进行了预测。刘长友等对采空区较多的情况下顶板群结构的破断失稳规律进行了研究，并具体探讨了顶板群破断对工作面来压的影响，通过分析永定庄煤矿15号煤层端头及中部位置支架阻力数据发现工作面上方顶板群结构破断的失稳率与工作面支架阻力大小具有相关性，进一步验证了工作面坚硬厚层顶板的失稳规律。蒋金泉等简化了采场上覆高位硬厚岩层赋存形态，建立了弹性薄板力学模型，理论推导了高位硬厚岩层的挠曲函数与应力近似解析式，对特定条件下的高位硬厚岩层的破断跨度的理论计算方法进行了阐述。

上述研究成果对采场顶板结构破断失稳机理的发展和完善起到了积极推动作用，从理论层面对顶板覆岩破断规律进行了归类，并在现场得到了应用，为坚硬顶板破断运移诱发冲击地压的形式及针对性处理方法的研究提供了理论基础。

1.3　坚硬顶板采场结构诱冲机理研究

在煤矿采场冲击地压动力灾害的机理研究等方面，国内外学者已进行了较多探索，并根据理论分析和试验研究提出了多种冲击地压诱发机理的假说，如能量理论、刚度理论、强度理论、冲击倾向理论、三准则和变形系统失稳理论等。近几年来，分形理论、流变理论、突变理论等在冲击地压的研究中也取得了一定的进展。

这些假说对指导煤岩冲击动力灾害的理论、试验研究和工程实践都发挥了重要作用。

另外，在坚硬顶板条件下采场诱发冲击地压灾害的机理方面国内外学者也开展了大量研究，取得了一定成果。理论研究及现场监测表明，煤层上方坚硬厚层砂岩顶板条件下的采场容易发生冲击地压，其诱发冲击地压的主要原因是坚硬厚层砂岩顶板容易聚积大量弹性能，在坚硬顶板破断、滑移过程中，弹性能会突然猛烈释放，引起强烈震动，释放的能量传导至工作面附近就容易诱发采场冲击地压显现。

在顶板岩层诱发冲击地压的原理研究方面，齐庆新等研究发现发生冲击地压的煤岩层具有一个明显的结构特点，即顶底板相对煤层坚硬，并且煤层与顶板间存在着薄软弱层；他们还认为煤岩层的层状结构及煤岩层间薄软弱层结构的存在，是导致冲击地压的主要结构因素，"三硬"结构，即"硬顶-硬底-硬煤"结构，是煤岩体内贮存大量弹性变形的前提条件。何江等发现坚硬顶板是造成巷道区域应力集中和采场矿震活动的主要动载来源，并提出坚硬顶板条件下冲击地压预防的重要措施是控制坚硬顶板引起的水平应力集中和震动强度。基于冲击地压能量理论，牟宗龙认为顶板诱冲可分为"稳态诱冲"和"动态诱冲"两种类型，根据顶板岩层影响冲击危险性的不同程度，提出了"诱冲关键层"定义及判别准则，进一步研究认为煤层上覆100m范围内的坚硬岩层对诱发冲击地压具有重要影响。

我国学者针对坚硬顶板采场冲击地压监测方面同样做了很多工作，徐学峰基于微震监测技术研究了覆岩结构对冲击地压的影响，指出上覆岩层可划分不同级别的关键层结构，认为覆岩结构在较大尺度破坏过程中所释放的能量是诱发冲击地压的重要因素。吕进国、姜耀东等通过对冲击地压发生前微震监测系统所记录到的微震频次、能量及微震分布时空规律进行分析，从地质构造、微震活动、应力场3个方面讨论了工作面冲击地压发生的原因及机制。窦林名等通过现场实测、试验研究等方法发现顶板坚硬岩层运动、破断对采场冲击地压的发生具有重要影响。在坚硬顶板诱发冲击地压理论分析方面，谭云亮、胡善超在分析坚硬岩层破断结构形成力学机理的基础上，讨论了顶板破断形式的主要影响因素、不同顶板初次破断形式及其转化规律，给出了顶板见方来压的实现条件。张明、姜福兴等建立了"巨厚岩层-煤柱"协调变形力学机理模型，分析了煤柱变形的力源结构、变化形式和"巨厚岩层-煤柱"整体协调的变形机制。

现有研究成果从不同角度分析了顶板型冲击地压发生的原因，但由于现场条件的多变性及煤岩体的非线性特点，目前更多是围绕特定条件下顶板诱冲原理的解释，而具体针对内蒙古呼吉尔特矿区相似条件下坚硬顶板诱发冲击地压机理的研究则相对不够全面，无法达到准确解释灾害机理及指导顶板冲击灾害监测预警和防治工作的目的。

1.4 煤柱失稳特征及机理研究

在煤矿采场结构中，煤柱区域由于受采空区影响，往往会有高应力集中区域的存在，在多数煤矿冲击地压案例中，显现区域均发生在煤柱区域内。以呼吉尔特矿区冲击地压事故为例，超前工作面的冲击地压灾害中绝大多数具有煤柱失稳破坏现象。实际采矿过程中煤柱失稳可以分为两种：可控的失稳和不可控的失稳。可控的失稳是指会先出现煤壁片帮、顶板塌陷等现象，这种失稳可以通过加强支护来控制。不可控的失稳是指在突然失稳之前，无法直观看到煤柱状况明显恶化，一旦发生破坏便是突发的。近年来，许多专家和学者对煤柱失稳特征和失稳机理开展了研究。

Wilson 针对煤柱失稳进行了理论分析，并假设屈服煤柱内部存在弹性核。在随后的研究中，Abel 和 Hoskins、Barron、Quinteiro、Salamon 等学者均提出这种假设存在一定的物理缺陷，但是也没有提出为学术界所认可的力学模型。Salamon 还提出煤柱中可能存在 4 个不同的力学分区，并提出了承压核心概念来解释煤柱的宽高比对其强度的影响。

煤柱的强度除了与宽高比有关以外，还与煤柱的尺寸和体积有关。Bieniawski 和 Singh 通过大量的大、小尺寸试验研究，提出当煤的体积超过 $1m^3$ 后，其单轴抗压强度基本保持不变，其强度通常仅为标准尺寸实验室样品的 10%~20%。在实际生产中，开采高度往往等于煤层的厚度，因此煤柱的形状和体积的变化通常是由于其侧面尺寸（宽度、长度）的变化而导致的。Bertuzzi 等根据大量煤柱失稳数据研究，提出一种预测煤柱岩石强度的方法，通过案例分析验证，该方法在考虑地质构造因素条件下，对于煤柱失稳，尤其是细长煤柱（$w/h \leqslant 4$）的失稳预测效果较好。Reed 等通过研究煤柱破坏力学特征，基于煤柱与上覆岩层作用机理提出一种煤柱系统稳定性评价标准。该模型在不增加岩土风险的情况下，能够有效提高开采储量和开采效率。Hamid 通过现场观测、地质监测和数值模拟的方法，定量分析了煤柱-顶板-底板水平应力积聚，认为高应力煤柱和围岩中的水平应力会造成冲击，引发煤柱的剧烈失稳。

国内学者针对煤炭开采过程中各种煤柱形式的破坏机理开展了研究。曹胜根等对块段式开采煤柱失稳机理进行了分析，运用突变理论推导了煤柱突变失稳的必要条件，发现煤柱屈服区宽度大于总宽度的 86% 时，煤柱容易出现突变失稳。郭文兵等针对走向条带煤柱建立了滑移破坏的尖点突变模型，推导了条带煤柱破坏失稳的充要条件表达式。谭毅等针对条带式 Wongawilli 开采工艺中采硐间狭窄煤柱和条带煤柱的稳定性开展了研究,建立了煤柱的失稳尖点突变模型,得到了煤柱突变压缩量的理论计算式,研究发现当 Wongawilli 开采工艺中所留煤柱的核区率大于 17%时可以实现稳定状态,煤柱可能失稳破坏的条件为弹性区与塑性区的宽度比小于0.21。谢广祥等建立了煤柱弹塑性极限平衡力学模型,对煤柱支承压力峰值分布规律进行了理论计算,为确定综放回采巷道护巷煤柱的合理尺寸提供了理论计算方法。在煤柱失稳的理论研究方面,一般采用突变模型进行煤柱失稳分析,王连国等对煤柱失稳的势函数进行了推导,找到了煤柱失稳尖点突变模式;提出煤柱失稳特征具有突变和缓慢两种形式,发现煤柱在失稳临界点附近时其失稳具有一定的发散性和模态软化特性。

上述研究针对煤柱内应力分布及破坏机理进行了分析,提出了各种分析模型,取得了一定成果,对指导现场煤柱留设或煤柱失稳分析具有重要意义,但采场中的煤柱受力状态往往是一个演变过程,煤柱对整个采场结构的冲击地压显现起到了重要影响,应在摸清采场煤柱的破坏机理及其诱冲形式的基础上采取措施,避免或减轻其破坏所引发的冲击地压灾害。

1.5 采场结构爆破处理方法及爆破卸压原理研究

目前,对于坚硬顶板采场结构主要采用调整采场布局、人工弱化顶板结构等方法进行控制与优化,但当采场布局形成后再去开展较大范围的调整势必会影响整个矿井的有序生产,造成较大程度的经济和时间层面的浪费,增加生产成本。因此,人工弱化煤岩结构控制采场冲击地压就成为一种较为合适的方法。人工弱化煤岩结构的方法包括爆破、水力压裂、注水弱化、地面钻孔处理、高位卸压巷等,由于爆破方法具有见效快、适用性强等特点,逐步成为高应力集中区域卸压和煤岩弱化处理的首选方法。国内外学者针对爆破弱化煤岩结构方法进行了研究。

(1) 爆破弱化坚硬顶板研究

控制采空区坚硬难垮落顶板的基本思路是改变顶板的物理力学性质,具体办法可采用人工爆破减小采空区内顶板悬露面积。炸药爆炸作为一种剧烈的化学反应,其爆轰反应过程中会产生两种效果:一是直接作用于其周围的承载介质,使承载介质出现损伤破坏,进而引发承载介质结构的改变,造成应力环境的变化;二是在高能量集中的煤岩介质中,爆破会诱发该区域集中能量的释放,这与目前在现场观测到的爆破诱发煤岩突然较大范围失稳现象(爆破诱冲)相吻合。总体来说,目前深孔爆破处理坚硬顶板技术手段具有良好的控制效果,已在煤矿坚硬顶板处理工程中得到了较为广泛的应用。

为了有效控制厚硬顶板的致灾性能，国内外学者进行了大量的研究，取得了较好的研究成果，特别是一些学者在深孔爆破弱化厚硬砂岩顶板方面开展了一些工作。Sawmliana针对煤层上方厚硬砂岩顶板突然垮落影响现场安全的实际问题，提出了深孔爆破控制厚硬砂岩顶板方法，根据现场监测数据提出了岩石的可爆性能指标（BI），根据上述指标对岩石在深孔爆破工程中进行分类。Konicek等分析了受坚硬顶板影响较为严重的Lazy煤矿504号煤层的冲击危险性，根据其危险性进行了深孔顶板预裂爆破设计与实践，运用理论分析和现场监测手段对深孔顶板爆破卸压效果进行了评估。Wojteckia等针对Upper Silesian煤田坚硬顶板实际情况，设计了50m深度顶板卸压爆破孔，并对爆破过程震动信号进行了记录分析，通过监测与理论分析手段对顶板爆破诱能减压效果进行了研究。高魁等基于潘一矿东区1252（1）工作面的实际情况，分析了顶板深孔爆破的卸压机制，并开展了超前顶板深孔爆破的现场应用。唐海等建立了坚硬岩石预裂爆破断裂模型，在岩石爆生成缝机理研究的基础上具体分析了裂缝的起裂条件、起裂方位、裂缝扩展与裂缝止裂方式。并从炸药性质、装药结构、地质条件、岩石物理力学性质、爆破孔间距、爆破孔径等方面探讨了岩石预裂爆破成缝的影响因素。王方田以石屹台煤矿为例，为防止工作面顶板大面积来压，在对工作面顶板进行分析后，提出了切眼顶板深孔预裂爆破技术，并取得了一定效果。Guo等针对急倾斜煤层特点，运用数值模拟、理论计算、现场实测等方法，开展了急倾斜煤层坚硬围岩结构深孔爆破处理技术研究，通过实施35m深孔爆破，切断了坚硬围岩的应力传导结构，引起了采场应力重分布，取得了较好效果。伍永平等利用相似材料模拟和RFPA2D数值模拟方法研究了坚硬顶板超前预爆破顶板弱化技术，分析了不同顶板特性条件下综放开采引起覆岩结构变化过程，得出覆岩冒落特征并总结了综采工作面矿压显现规律、工作面超前支撑压力的分布形态及其发展变化趋势，并尝试采用超前预爆破顶板弱化技术缓解坚硬顶板冲击地压危害。

（2）高应力区爆破卸压方法研究

爆破卸压技术作为现场防控冲击地压的一项重要技术手段，受到国内外专家的广泛关注，并对其卸压控制原理进行了深入研究。国外学者Sedlák、Hinzen等针对高应力岩石区域爆破过程中应力释放、位移变化进行了描述，针对岩石爆破过程中能量演化规律进行了研究，认为爆破可以对岩石产生弱化效果，降低其有效弹性模量，有效缓解冲击地压发生可能性。Christopher等针对地下隧道应力环境开展了研究，采用爆破手段对地下隧道围岩高应力区域进行卸压，并对卸压效果进行了初步研究，发现爆破卸压效果良好，证明爆破手段可以有效改善应力集中区域的应力环境。

但当爆破地点处于临界高应力状态时，爆破扰动还有可能诱发冲击地压显现，例如笔者在现场实践过程中就遭遇过爆破诱发冲击地压的较典型案例。2012年9月22日夜班，山东济宁矿区唐口煤矿5302工作面（平均埋深960m左右）进行缩面准备工作，需要在工作面倾向中部迎面掘进一条缩面通道，当巷道掘进至距工作面180m位置时，钻屑法检测发现巷道煤体应力出现集中现象，因此决定采用深孔爆破方法对煤岩高应力区域进行卸压。装药后人员全部撤出，开始爆破，30min后进场勘查时发现巷道变形严重，巷道两帮移近量达到300mm，顶底板移近量达到500mm，顶板出现轻微开裂，出现了较为典型的冲击显现，说明爆破可以诱导煤岩所积聚能量的释放。在爆破诱发冲击地压研究方面，国内学者根据不同工程案例进行了分析研究。徐学锋等通过研究发现煤巷掘进过程中，爆破作业是诱发冲击地压的因素之一，并运用微震监测方法对爆破诱发冲击地压的微震波形进行频谱分析，从监测数据解析爆破诱发冲击地压的原因，认为掘进巷道爆破诱发冲击地压的主要原因是爆破应力波和地震波的产生及传播增加了巷道围岩体的动应力，研究还发现爆破震动波本身不能产生冲击地压，主要还是巷道围岩本身所处极限应力平衡状态下受爆破扰动引发的煤岩体突变。

2

坚硬顶板宽煤柱采场冲击
显现特征分析

2.1 引言

由冲击地压的动静载理论可知，冲击地压一般情况下是由采掘结构的静载和开采活动诱发的动载叠加引起的；而冲击地压显现主要是"承载结构"对"施载结构"的载荷响应而出现的突然、剧烈的动力灾害现象。由于冲击地压机理相当复杂，不同工程背景下的诱冲因素都存在较明显的区别，但通过对冲击显现形态统计来看，冲击显现在坚硬顶板宽煤柱采场中大多表现为突发性煤层鼓帮与底鼓。

本书定义"采场结构"为不同情况下"冲击承载结构"和"冲击施载结构"两种组成部分的搭配和排列。其中，"冲击承载结构"主要依托冲击倾向性煤层提出，而"冲击施载结构"主要依托坚硬较完整砂岩顶板提出。本书研究主要依托简单地质条件下坚硬顶板宽煤柱采场开展，统计数据来源于内蒙古呼吉尔特矿区，该矿区地质条件相对简单，但是几乎所有矿井的临空工作面均出现过冲击显现，本章将以呼吉尔特矿区受坚硬顶板宽煤柱影响下的典型工作面为例对采场冲击显现特征进行说明。

2.2 采场冲击显现特征

2.2.1 采场冲击显现案例

呼吉尔特矿区地处内蒙古自治区鄂尔多斯市乌审旗东北部与陕西省交界，矿区南北最长约74.1km，东西最宽约66.8km，矿区面积3331.7km²，矿区已勘探区域共获资源量180亿t，开采技术条件相对简单，位于东胜煤田深部区域。国家发展和改革委员会"改能源［2008］504号"和"能源函［2008］51号"批复文件显示，呼吉尔特矿区目前总体规划建设规模为$63.00×10^6t/a$，规划有7个井田、2个勘查区和1个远景区，井田均由井工开采，井田分别是梅林庙井田$10.00×10^6t/a$、门克庆井田$12.00×10^6t/a$、沙拉吉达井田$8.00×10^6t/a$、母杜柴登井田$6.00×10^6t/a$、巴彦高勒井田$4.00×10^6t/a$、石拉乌素井田$10.00×10^6t/a$和葫芦素井田$13.00×10^6t/a$。

矿区含可采煤层8~9层，煤层厚度为0.8~7.1m，煤系地层平均厚度为280m，矿区各矿井的主采煤层埋深范围多为600~800m，以近水平中厚煤层为主。以呼吉尔特矿区 3-1 煤层为例，该煤层上覆有多层较坚硬砂岩顶板，受双巷掘进、快速成面的生产布局影响，该矿区工作面与采空区多留设有宽煤柱（20~40m），属于较为典型的坚硬顶板条件下的宽煤柱"采场结构"。3-1 煤层埋深基本已超过 600m，相关研究表明，开采深度越大，冲击地压发生概率也越大。从埋深角度来看，3-1 煤层的埋深处于冲击危险急剧增加段，具有较高冲击危险性。3-1 煤层上覆岩层多以砂岩为主，部分发育有砂质泥岩，砂岩岩层占比为 85%~95%。

以呼吉尔特矿区门克庆煤矿为例，矿井 3-1 煤层 3102 工作面为矿井第 2 个回采工作面，布置在 11 采区南翼，可采区域长 5539.3m、宽 300m。工作面东侧为实体煤，西侧为正在组织回采的 3101 工作面（超前 3102 工作面 3000m），区段煤柱宽 35m；南侧临近井田边界，保护煤柱宽 71.8~79.7m；北侧为 3-1 煤层辅助回风大巷，与停采线相距 151.2m。3102 工作面所采煤层为侏罗系中统延安组 3-1 煤层，煤层结构整体简单，内生裂隙较发育，煤厚 1.72~5.3m，平均厚 4.75m，属厚煤层；煤层平均埋深 692m；煤层赋存稳定，总体上北部煤厚大于南部。煤层倾角 1°~4°，平均为 2°，为近水平煤层。

煤层首采面 3101 工作面回采期间未发生过冲击显现，但在 3-1 煤层第 2 个临空面 3102 工作面回采过程中超前工作面区域压力较大，工作面割煤期间超前范围内多次出现冲击显现，一般情况下冲击显现多集中于超前工作面临空巷道 40m 范围内，但个别冲击显现范围达到 100m 左右，且有两次较为明显的冲击显现发生在超前工作面 263m 与 380m 位置，冲击显现多体现为鼓帮、顶煤下沉、单体损坏、底鼓等情形。部分较强烈冲击地压显现事件统计见表 2-1。

3102 工作面部分冲击地压显现事件统计　　　　　　　表 2-1

日期	工作面推进度（m）	影响范围（m）	显现程度	矿压显现描述	巷道变形素描
2017-10-08	268	30	大	1. 靠煤柱侧单体压弯 10 根、推倒 8 根； 2. 靠煤柱侧顶煤台阶式下沉，最大下沉 500mm； 3. 工作面端头 176 号支架被压死，震动产生的冲击气流扬起煤尘，致使 160~176 号支架间能见度不超过 2m	

日期	工作面推进度（m）	影响范围（m）	显现程度	矿压显现描述	巷道变形素描
2017-10-17	316	25	较大	1. 巷道顶煤下沉，单体压弯 7 根，钻底约 0.1~0.4m； 2. 巷道变形严重，变形严重区段巷道宽度小于 4m； 3. 超前 5m 顶煤破碎严重，部分顶板锚杆基本失效	
2017-10-21	332	75	较大	1. 临空巷超前工作面 263m，施工顶板钻孔期间，突发顶板冲击，导致钻孔塌陷堵死； 2. 顶板锚索断裂、托盘及锁具掉落，7 根顶锚索断裂、10 根顶锚索"缩锚"300m、8 根顶锚杆压出 300m，巷道顶煤下沉约 300mm； 3. 冲击发生时为顶板爆破钻孔施工期间，因此，钻孔施工诱发冲击可能性较大	
2017-11-03	383	120	大	1. 采煤机受震动影响自动停机，消防沙箱移动 0.8m，电机盖板变形，声响巨大、煤尘扬起； 2. 临空巷超前支护段 0~60m 煤柱侧帮煤体抛出，3 排单体 80% 出现压弯、钻底、挤坏、断裂等损坏现象，0~120m 顶煤最大下沉 0.5m，底鼓 0.2~1m，机尾宽 4.05m、高 2m； 3. 事件发生时，地面有震感	
2017-11-26	445	25	中	1. 临空巷超前工作面 380~400m 位置，靠近煤柱侧帮肩窝处顶煤冒落，破坏区域长×宽×高 = 18m×1.5m×0.6m； 2. 靠煤柱侧帮肩窝 20m 范围内 2 排顶板锚杆、锚索几乎全部断裂、失效； 3. 发生区域靠近 35m 煤柱中的联络巷，受联络巷切割煤柱影响较大	

日期	工作面推进度（m）	影响范围（m）	显现程度	矿压显现描述	巷道变形素描
2017-12-13	518	25	大	1. 临空巷超前工作面 25m 范围内顶煤冒落严重，顶煤下沉约 0.3~0.5m，底板鼓起0.3~0.6m； 2. 由于生产帮为玻璃钢锚杆支护，强度较低，造成帮部片帮严重； 3. 巷道内 3 排单体多数卸液倾倒	
2017-12-25	566	38	大	1. 工作面内无明显破坏； 2. 临空巷超前工作面 38m 范围内煤柱侧巷道顶煤倾斜，煤柱侧木垛推垮； 3. 来压期间，工作面液压支架在不同阶段有不同程度的工作阻力进行"台阶"增阻； 4. 事件发生时，地面有震感	
2018-03-03	810	180	大	1. 临空巷超前工作面 0~120m 范围内巷道煤柱侧木垛受力歪斜，实体煤侧单体支柱部分压弯，120~180m 范围内破坏最为严重，少数木垛受煤柱变形推垮； 2. 来压时，在机头及临空巷外段感受到异常气流，巷道内风量由原来的 2100m³/min 降至 1820m³/min； 3. 巷道底鼓最大量超过 1m，底鼓较严重区域为超前工作面 120~180m 区域； 4. 事件发生时，地面有震感	

　　门克庆煤矿 3102 工作面布置情况及冲击显现区域如图 2-1 所示，现场冲击显现实景照片如图 2-2 所示。

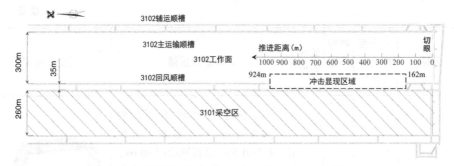

图 2-1　工作面布置情况及冲击显现区域示意图

图 2-2　现场冲击显现实景照片

　　3102 工作面采用"两班生产一班检修"的生产组织方式，若设备故障或其他原因会临时组织检修。所有冲击显现均发生在 3102 回风顺槽内，冲击显现次数为 16 次，冲击显现时间及影响范围统计见表 2-2，表中影响范围划分为 3 个区域：超前工作面 0~40m（A）、超前工作面 40~200m（B）、超前工作面 200~400m（C）。

生产班					检修班					
序号	日期	停机时间	显现时间	间隔时间(min)	显现影响范围	序号	日期	停机时间	显现时间	间隔时间(min)	显现影响范围
1	2017-09-26	1:40	3:00	80	A	1	2017-09-14	6:50	11:01	251	A
2	2017-10-02	22:00	1:00	180	A	2	2017-10-13	5:52	10:00	248	A
3	2017-10-08	1:50	2:30	40	A	3	2017-11-19	3:20	10:20	420	A
4	2017-10-17	20:04	0:00	236	A	4	2017-12-05	8:00	15:00	420	A
5	2017-10-21	15:59	20:10	251	C	5	2017-12-13	6:20	10:35	255	A
6	2017-10-24	17:13	17:40	27	A	6	2017-12-25	5:00	10:30	330	B
7	2017-11-03	21:40	23:20	100	B						
8	2017-11-25	17:11	17:50	39	B						
9	2017-11-26	17:00	20:10	190	C						
10	2018-03-03	18:30	19:10	40	B						
平均间隔时间				118.3		平均间隔时间				320.7	

图 2-3 与图 2-4 所示为历次冲击显现发生地点及时间等情况统计。

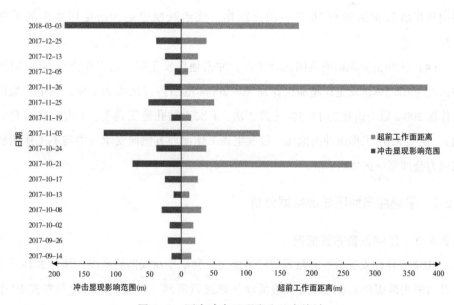

图 2-3　历次冲击显现发生地点统计

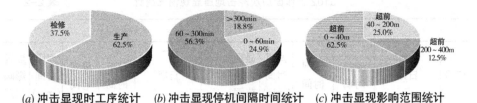

(a) 冲击显现时工序统计　　(b) 冲击显现停机间隔时间统计　　(c) 冲击显现影响范围统计

图2-4　历次冲击显现规律统计

从冲击显现情况统计来看，主要有以下规律：

（1）生产班冲击显现数量占到了 62.5%，停机后平均 118.3min 发生冲击显现，最长间隔时间为 251min；检修班冲击显现数量占到了 37.5%，停机后平均 320.7min 发生冲击显现，最长间隔时间为 420min。说明 3102 工作面冲击地压显现受生产期间回采扰动影响较大。

（2）检修期间依然会出现冲击地压显现，而且停机检修后冲击显现最短间隔时间为 248min，最长间隔时间为 420min，说明停机后顶板运动依然活跃，且运动趋势是逐渐向上发展，上位顶板出现运动，且停机后工作面超前支承应力会逐渐向工作面前积聚，动静叠加极易发生检修期间的冲击地压。

（3）从冲击显现间隔时间统计来看，24.9% 冲击显现发生在停机后 1h 之内，56.3% 冲击显现发生在停机后 1~5h 之间，18.8% 冲击显现发生时停机已超过 5h。说明停机后顶板活动有 5h 左右的活跃期，该活跃期也是冲击地压发生的关键时期。

（4）从冲击显现影响范围统计来看，冲击地压发生在超前工作面 0~40m 范围内占比为 62.5%，发生在超前工作面 40~200m 范围内占比为 25.0%，发生在超前工作面 200m 以上占比为 12.5%（共 2 次，1 次为钻孔施工诱发，1 次为联络巷影响）。说明 3102 工作面冲击地压一般发生在工作面前方侧向支承应力与本工作面超前应力叠加影响区域内。

2.2.2　采场冲击地压显现数据分析

2.2.2.1　监测设备布置情况

3102 工作面安装有一套微震监测系统与一套矿压在线监测系统，并自 2018 年 1 月开始采用微震监测系统针对顶板活动规律进行监测。微震监测系统共布置 10 个拾震器和 2 个探头，分别监测 3101 工作面和 3102 工作面。3102 工作面平面位置及监测系统布置方案如图 2-5 所示。

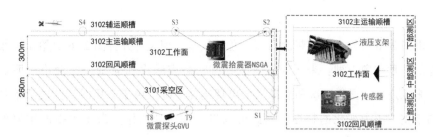

图 2-5 3102 工作面平面位置及监测系统布置方案

2.2.2.2 显现规律分析

提取 2018 年 1 月 4 日至 2018 年 3 月 31 日期间支架压力数据与微震监测数据，以每天 24h 中支架压力≥25.2MPa 的数据取平均作为该支架当天的有效工作阻力平均值，以每天的微震能量与频次作为验证数据进行统计，分析发现该时间段工作面顶板运动和矿压显现具有以下几个特性：（1）小周期显现；（2）大周期显现；（3）高强度大范围特殊显现。各支架日平均工作阻力及微震频次与能量如图 2-6 所示。

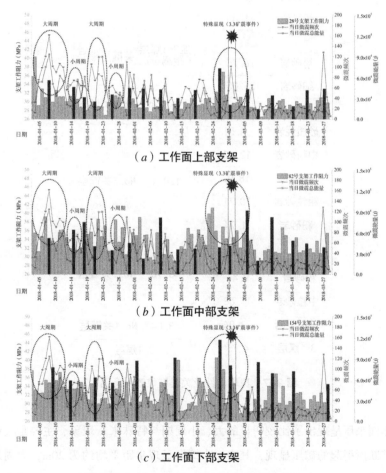

图 2-6 工作面支架工作阻力与微震事件统计

由图 2-6 可知，微震频次与每日总能量呈正相关，并且图 2-6 也给出了较为普遍的一种现象，即：来压前及来压期间，微震频次和能量一般会出现明显增加；来压过后，微震频次和能量又会出现迅速下降。由于来压时，微震活动具有超前于支架压力变化的特性，因此可以将微震活动性作为来压预报的重要参考信息。

根据关键层的定义与变形特征，关键层所控制上覆岩层在关键层变形过程中会随关键层同步变形，但关键层下方岩层则不参与协调变形，所以关键层承受的载荷主要由其本身来承担。确定 3102 工作面开采区域覆岩结构中距离 3-1 煤层 300m 范围内关键层情况如图 2-7 所示。

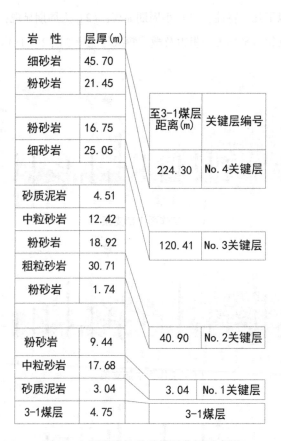

岩　性	层厚(m)
细砂岩	45.70
粉砂岩	21.45
粉砂岩	16.75
细砂岩	25.05
砂质泥岩	4.51
中粒砂岩	12.42
粉砂岩	18.92
粗粒砂岩	30.71
粉砂岩	1.74
粉砂岩	9.44
中粒砂岩	17.68
砂质泥岩	3.04
3-1煤层	4.75

至3-1煤层距离(m)	关键层编号
224.30	No.4关键层
120.41	No.3关键层
40.90	No.2关键层
3.04	No.1关键层
	3-1煤层

图 2-7　覆岩岩性及关键层位置示意图

工作面来压呈现出了比较明显的大、小周期与特殊来压现象，主要是关键层的周期性破断所引起的矿压显现，其中，小周期显现步距平均约为 20m，大周期显现步距平均约为 40m。大、小周期基本呈现出周期性交替变化过程，大周期来压期间顶板活动明显高于小周期来压期间，微震能量与频次相对较高。低位关键层的周期性破断在覆岩结构层面会分别形成覆岩悬臂梁与覆岩砌体梁结构，此时的关键层距煤层垂直距离一般较小。从现场冲击显现破坏情况来看，大、小周期冲击显现以煤柱冲击破坏为主，说明宽煤柱受侧向悬顶所施加的支承压力影响较为严重，因此需要对侧向悬顶结构进行处理，以改善煤柱及巷道内的应力环境。

特殊显现阶段，如 2018 年 3 月 3 日矿震事件发生前支架压力出现连续 2~3d 的持续升高现象，工作面部分区域平均压力超过了 40MPa，工作面液压支架安全阀卸压明显，但该时间段微震频次与能量却一直处于低位水平，上述现象的发生较普通低位岩层周期破断引起的微震与支架压力上升情况有明显的不同，因此将该类事件划分为特殊显现类型。工作面覆岩结构及显现特征如图 2-8 所示。

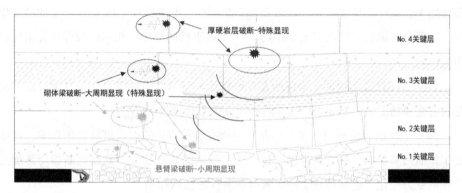

图 2-8 工作面覆岩结构及显现特征

从门克庆煤矿顶板覆岩情况来看，3102 工作面上覆有多层厚硬岩层，其中距煤层较近的 No.1、No.2 关键层厚度均超过 15m，单层厚度甚至超过 30m。厚硬岩层的活动对于工作面影响将非常强烈，这与上述分析中工作面所呈现的明显大、小周期及特殊显现规律相吻合。

上述数据说明顶板结构对于工作面安全影响非常大，厚硬顶板的悬顶、破断、下冲等状态将直接影响工作面的安全，尤其是沿空巷道高应力区域的安全。

2.2.2.3 微震定位分析

提取 3102 工作面推进度 600~910m 回采期间工作面附近及采空区微震事件，对数据进行定位分析，如图 2-9 所示。

从微震事件分布来看，工作面回采期间，微震事件分布主要呈现如下规律：

（1）从微震事件分布规律来看，工作面回采期间有两个较为明显的微震积聚区域，即工作面附近沿空侧和采空区内煤柱附近。

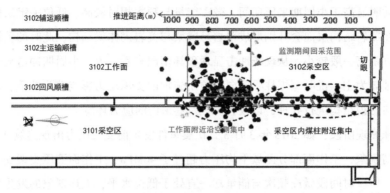

图 2-9　工作面回采期间微震事件分布

（2）采空区内煤柱附近的微震积聚说明 35m 煤柱是不稳定结构，在上覆岩层压覆作用下，煤柱在持续演变，其内部及上部顶板内不断出现 1.0×10^3 J 以上的微震事件，且部分区域已经出现了 1.0×10^4 J 以上微震事件的集中，说明区段煤柱在采空区内为不稳定结构。

（3）上述微震事件的积聚说明宽煤柱在该采场结构中对应力分布及顶板运移演化具有重要的影响，35m 煤柱尺寸具有明显的不合理性。

（4）工作面回采期间，在工作面沿空侧有非常明显的微震事件集中现象，说明受工作面回采影响，沿空侧悬顶顶板出现了明显的活动迹象，悬顶的断裂垮落加上煤柱的受力变化，进而诱发了该区域微震事件的活跃积聚。

（5）工作面回采期间，工作面中部及实体煤侧也有微震事件分布，但均属正常的顶板活动现象，且上述区域在来压期间均未出现明显的煤壁片帮、顶板下沉等现象，只有部分支架安全阀开启现象，说明上述区域内顶板结构呈现了较为稳定的周期性来压。

2.2.2.4　冲击显现特征

由于内蒙古呼吉尔特矿区普遍采用双巷宽煤柱掘进工艺，受此影响，该矿区第 2 个临空工作面区段煤柱宽度一般在 20~40m 范围内，而且该矿区几乎所有矿井的第 2 个临空工作面均有冲击显现发生。且临空巷道为冲击显现集中发生地点，多数冲击破坏均集中在了底板与区段煤柱中。

冲击发生后的顶板窥视结果显示，在留有顶煤的巷道中，冲击后在顶煤与砂岩顶板交界处有离层现象，现场勘查也会看到顶煤的明显下沉，但巷道顶板垂直向上 10m 范围内砂岩顶板完整性却相对较好，仅出现不超过 15mm 的裂隙，如图 2-10 所示。

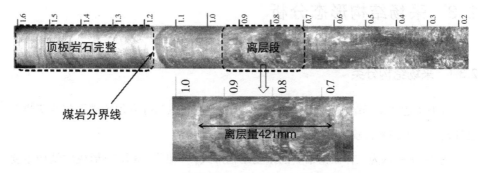

图 2-10 巷道冲击显现后顶板钻孔窥视情况

相似地质条件下的相似采场结构形态，冲击地压显现特征基本相同，这种现象在呼吉尔特矿区、彬长矿区、华亭矿区等多有出现，说明该类冲击具有明显的普遍性特点。

为便于对工程案例进行研究，本书对采场中"宽煤柱"的定义主要是基于呼吉尔特矿区普遍存在的双巷掘进工艺所造成的两巷间 20~40m 的区段煤柱所提出的。回采前煤柱两侧双巷相互之间有一定影响，但在煤柱隔离及巷道支护作用下，巷道完整性较好。随着煤柱单侧（或双侧）采空区的形成，采场中的宽煤柱受采空区覆岩下压影响较为明显，宽煤柱内的应力场调整以适应新的采场结构，煤柱区域内存在较大静载荷，在动载荷叠加作用下极易出现煤柱失稳，诱发大范围冲击显现。

基于上述数据及冲击显现特征分析，根据发生条件进行分类，可以发现该类采场的冲击地压类型应归属于"顶板型+煤柱型"的复合形态。采场中的"坚硬顶板"与"宽煤柱"形成了特殊的"采场结构"，该类"采场结构"中的"宽煤柱"与"坚硬顶板"随煤炭开采呈现出了多种形态。"结构"顾名思义指组成整体的各部分的搭配和安排，而"顶板"与"煤柱"在何种组合下会"诱冲"？其"诱冲"机理又是什么？本书将对上述问题进行研究。而本书对"顶板+煤柱"条件下的"采场结构"定义为"冲击承载结构（煤柱）"本身存在一定的"平衡静载荷"，在正常情况下"平衡静载荷"的独立存在不会诱发冲击，但"冲击施载结构（坚硬顶板）"也存在一定的平衡态，该结构平衡态在生产扰动、时间等影响下会出现突然失稳，引发"失稳动载荷"，"平衡静载荷"与结构"失稳动载荷"叠加，超过煤岩体冲击破坏的临界载荷时，煤岩体会出现动力失稳，造成冲击地压灾害显现。

2.3 采场结构形态分析

2.3.1 采场结构分类

本书所述"采场结构"的具体分类所依托工程背景为呼吉尔特矿区门克庆煤矿受冲击地压灾害威胁较为严重的3102工作面。

图2-11所示为工作面回采后的采场结构形式,"覆岩-煤层"形成的结构主要有两种类型:侧向悬顶结构(如图2-11中剖面1-1与剖面3-3所示)、双侧悬顶结构(如图2-11中剖面2-2所示)。

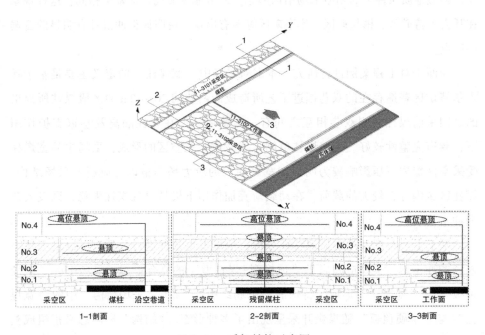

图2-11 采场结构示意图

从现场冲击显现位置与大能量矿震事件定位情况来看,冲击多集中在沿空巷道"宽煤柱"区域,即图2-11中剖面1-1与剖面2-2所示位置。

鉴于上述采场结构形态与冲击显现形式分析,将3102工作面冲击严重的两种结构分别称为侧向多层悬顶采场结构、采空残留悬顶采场结构。3102工作面采场结构划分区域如图2-12所示。

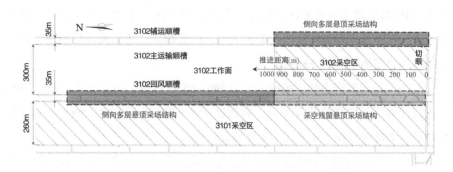

图 2-12　3102 工作面采场结构划分区域示意图

2.3.2　侧向多层悬顶采场结构

本书所提侧向多层悬顶采场结构指：具有多层坚硬顶板，并留设有 20~40m 区段煤柱的采场，其单侧采空或本工作面正在回采过程中，"顶板+煤层"所呈现的形态结构如图 2-11 中剖面 1-1 所示。侧向多层悬顶采场结构中煤柱尺寸效应对该结构下冲击显现具有明显影响，该类情况在呼吉尔特矿区、纳林河矿区、新街矿区、华亭矿区、彬长矿区等多有体现，上述矿区两工作面之间多留设有 20~40m 区段煤柱，该区段煤柱的存在对侧向多层悬顶采场结构的冲击形式具有很大影响。

侧向多层悬顶采场结构位移云图如图 2-13 所示，从图中可以明显看出关键层下部的离层区域。

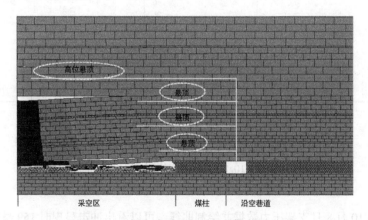

图 2-13　侧向多层悬顶采场结构位移云图

侧向多层悬顶采场结构所诱发的冲击显现多出现在超前工作面 40m 范围内（占比 62.5%），主要为本工作面覆岩结构与侧向覆岩结构的叠加作用影响，但也有在超前本开采工作面煤壁 200m 以上的临空巷道区域内发生冲击地压的情况，如 3102

工作面"10.21"冲击显现事件,超前工作面263m位置,突发冲击显现时,该区域正在施工顶板钻孔,冲击导致钻孔塌陷堵死,锚索断裂、托盘及锁具掉落;40m巷道范围内顶板整体下沉约300mm。

"11.26"冲击显现事件,超前工作面380~400m位置,突发冲击显现,冲击造成靠近煤柱侧帮部肩窝处顶煤冒落,冒落区域长×宽×高=18m×1.5m×0.6m,靠煤柱侧帮最边2排顶锚杆、锚索几乎全部断裂、失效。

3102工作面超前应力影响范围外的显现多认为是受侧向采空区覆岩结构叠加钻孔施工、联络巷等扰动的影响所诱发的孤立型冲击显现。

3102工作面采用KJ435型矿压监测系统进行支架压力监测,冲击显现期间均发现系统监测数据有明显"台阶"上升显现,"台阶"上升幅值可以从侧面反映出工作面顶板来压大小,其中低位砂岩层悬顶(如No.1关键层)小范围断裂诱发冲击时的"台阶"上升范围较小,多集中在沿空巷道侧个别支架处,如"10.8"冲击显现;若低位砂岩层悬顶(如No.1关键层)较大范围断裂或与其上覆的其他关键层联合运动(如No.2关键层)所诱发冲击时的"台阶"上升影响范围相对较大,如"11.3"冲击显现。

(1)"10.8"冲击显现

2017年10月8日冲击显现时,工作面沿空侧159~165号支架范围压力有"台阶"上升,如图2-14所示,面内影响范围约为29.75m。

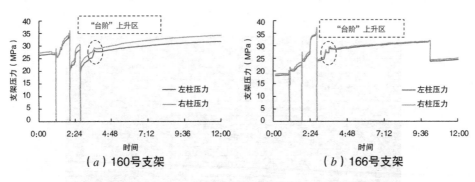

图2-14 "10.8"冲击显现时支架压力监测情况

提取10月8日支架压力数据并绘制曲线,可以看出冲击显现时159号支架压力由26.52MPa瞬时升至28.79MPa,165号支架压力由27.38MPa瞬时升至29.01MPa,压力变化情况如表2-3所示。

支架编号	显现前压力（MPa）	显现后压力（MPa）	变化值（MPa）
159 号	26.52	28.79	2.27
165 号	27.38	29.01	1.63

从冲击显现时工作面支架压力分布来看，靠近沿空侧区域压力高于实体煤侧，特别是 120~142 号支架区域应力值相对较高，说明侧向采空区及 35m 宽煤柱对工作面应力场分布影响较大。

3102 工作面 35m 宽煤柱对上覆岩层具有一定的支承作用，沿空侧 No.1 关键层在本工作回采后不易垮落，相对工作面中部区域悬顶面积较大，当超过一定极限后 No.1 关键层垮断就会诱发"10.8"冲击形式的破坏，该类冲击造成的超前工作面破坏范围一般在 30m 以内，共发生了 9 次，占比 56.25%，为 3102 工作面的主要显现形式。

（2）"11.3"冲击显现

2017 年 11 月 3 日 23:15 左右，3102 工作面突发冲击显现，提取冲击前后支架压力数据并绘制曲线，如图 2-15 所示。

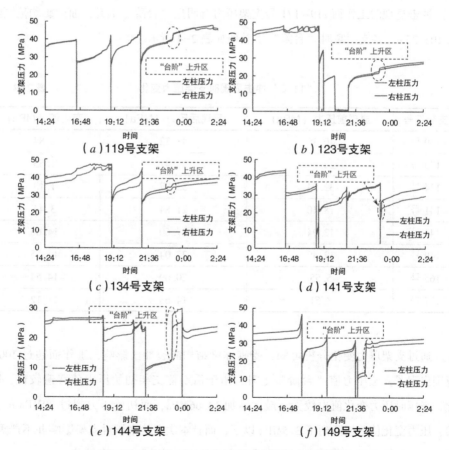

图 2-15　"11.3"冲击显现时支架压力监测情况

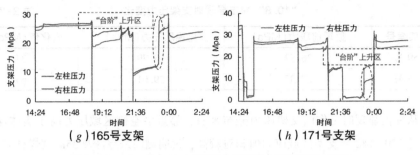

图 2-15 "11.3"冲击显现时支架压力监测情况（续）

3102 工作面推采至距切眼 383m 时，突发冲击显现，回风顺槽超前工作面 120m 范围内破坏严重，其中距切眼 383～420m（超前 38m）范围内煤柱变形严重，底鼓超过 1m，煤柱帮 4 排单体基本损毁。

383m 回风顺槽巷口尺寸为宽×高＝4.05m×2.0m，距切眼 495m 巷道尺寸为宽×高＝5.3m×2.7m，距切眼 480～500m 区域（超前工作面 100～120m）煤柱侧顶板下沉 0.5m，煤柱帮多个玻璃钢锚杆断裂失效。

冲击显现时工作面 119～171 号支架压力有明显"台阶"上升，面内影响范围约为 103.25m。各支架瞬时"台阶"上升值如表 2-4 所示。

"11.3"冲击显现时支架压力变化　　　　　表 2-4

支架编号	显现前压力（MPa）	显现后压力（MPa）	变化值（MPa）
119 号	40.38	43.22	2.84
123 号	22.86	24.41	1.55
134 号	32.84	33.97	1.13
141 号	18.40	21.84	3.44
144 号	12.94	27.60	14.66
149 号	12.49	27.04	14.55
165 号	5.55	20.09	14.54
171 号	3.51	14.63	11.12

通过支架压力变化分析可知，受砌体梁结构断裂冲击影响，工作面超过 100m 范围出现了支架压力值"台阶"上升，由于沿空侧支架初始压力值普遍较低，因此，来压时压力变化值也较大，最大增加 14.66MPa，而初始压力超过 20MPa 的支架，压力变化值普遍降到了 3.5MPa 以下，而且本次突然来压对支架影响并不严重，说明本工作面支架选型基本可以承受砌体梁突然断裂诱发的冲击动载。

当 3102 工作面沿空侧 No.1 关键层较大范围垮断或 No.2 关键层破断时极有可能诱发"11.3"冲击形式的破坏,该类冲击造成的超前工作面破坏范围一般在 30～150m 以内,共发生了 4 次,占比 25%,该类冲击相对"小周期"冲击造成的破坏范围与破坏程度要大得多,现场表现形式以煤柱侧煤壁鼓帮、煤柱侧支柱损坏为主,而实体煤帮则相对要好,说明在同样静载应力环境下,不同强度动载叠加对巷道破坏程度有明显区别,因此,应针对顶板动载源进行弱化处理,以减轻动载强度。

2.3.3 采空残留悬顶采场结构

本书所提采空残留悬顶采场结构指:具有多层坚硬顶板,并留设有 20～40m 区段煤柱的采场,区段煤柱两侧均处于采空状态后,"顶板+煤柱"所呈现的形态结构如图 2-11 中剖面 2-2 所示。

采空残留悬顶采场结构中煤柱在采空区内以残留煤柱形态长久存在,不存在布面回收情况,该煤柱宽度一般为 20～40m,具有一定支承能力,但随着采空区面积的持续增大和回采扰动的不断存在,持续静载荷及频繁动载荷作用下,该煤柱存在极大的整体失稳可能性,其失稳过程所释放的能量传导至工作面前方高静载应力区就有可能产生面前巷道冲击,此时冲击的动载源为采空区内煤柱失稳破坏引发的结构变化。

采空残留悬顶采场结构位移云图如图 2-16 所示,从图中可以明显看出采空区残留煤柱两侧上覆关键层下端均存在离层区域。

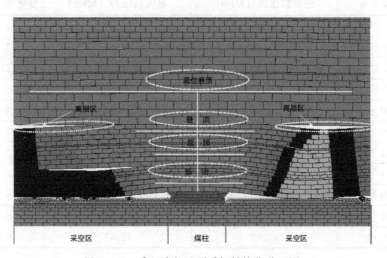

图 2-16 采空残留悬顶采场结构位移云图

随着采空面积的逐步增大，关键层的悬顶面积也逐步增加，当煤柱承载或悬顶面积达到极限时会出现采场结构突然失稳，诱发工作面的"特殊显现"，此时的显现主要体现在面后煤柱失稳破坏与大面积顶板活动（如 No.2 关键层活动，或其上覆更高位 No.3、No.4 关键层参与运动）。

以"3.3"冲击显现为例，通过 KJ435 型矿压监测系统所测数据可以看出整面冲击的"特殊性"。2018 年 3 月 3 日 19:10 左右，3102 工作面突发冲击显现，由支架压力数据分析发现：70~172 号支架范围内，矿压显现时支架压力有明显"台阶"上升，面内影响范围约为 178.5m，面前影响范围为 180m。冲击显现区域如图 2-17 所示。

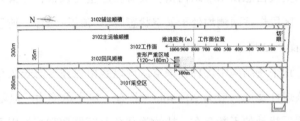

图 2-17 "3.3"冲击显现区域示意图

提取 3 月 3 日支架压力数据并绘制曲线如图 2-18 所示，计算支架压力的变化值如表 2-5 所示。

"3.3"冲击显现时支架压力变化 　　　　表 2-5

支架编号	显现前压力（MPa）	显现后压力（MPa）	变化值（MPa）
70 号	33.93	36.43	2.50
76 号	31.23	34.87	3.64
82 号	29.48	31.54	2.06
87 号	30.82	33.92	3.10
100 号	30.48	34.56	4.08
106 号	26.90	29.94	3.04
112 号	28.06	30.53	2.47
118 号	27.55	31.60	4.05
130 号	30.55	36.11	5.56
142 号	32.34	39.26	6.92
148 号	32.97	42.42	9.45

続表

支架编号	显现前压力(MPa)	显现后压力(MPa)	变化值(MPa)
154 号	39.37	45.59	6.22
158 号	33.78	41.82	8.04
160 号	31.17	38.03	6.86
164 号	28.96	38.33	9.37
166 号	27.31	37.04	9.73
168 号	29.69	41.78	12.09
169 号	29.07	43.54	14.47
172 号	29.22	43.42	14.20

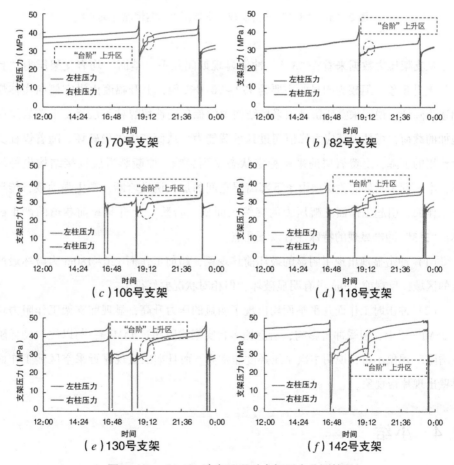

图 2-18　"3.3"冲击显现时支架压力监测情况

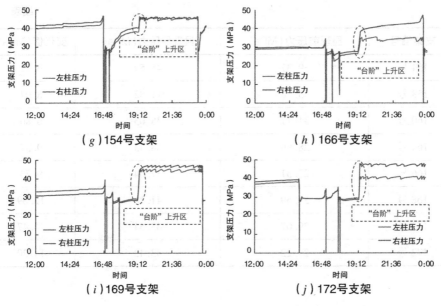

图2-18 "3.3"冲击显现时支架压力监测情况（续）

从支架压力数据来看，"3.3"冲击显现期间几乎"整面"均有支架压力"台阶"上升现象，但较为明显的主要为172~70号支架，上升幅度由沿空侧向实体煤侧逐步降低，说明采空残留悬顶采场结构中的孤岛型遗留煤柱无法承受上覆岩层所施加的载荷，煤柱内部应力峰值超过其承载能力，从而产生失稳破坏。随着煤柱支承作用的下降，上覆岩层的平衡稳定状态受到影响，原断裂岩层铰接结构失稳垮落，本未发生断裂的关键层由于下部离层空间的加大诱发垮断，产生强动载，传导至工作面，引起工作面支架压力的突然大面积"台阶"上升与超前巷道的严重破坏。"3.3"冲击显现的特殊性有以下几点：

（1）冲击显现出现了明显的破坏前移现象，超前工作面120~180m为破坏最严重的区域，反观前120m虽有明显破坏，但相对状况要好得多。

（2）冲击时工作面几乎整面均出现了明显的压力升高，显现前支架工作阻力均在25MPa以上，但受冲击影响，沿空侧多台支架增阻超过14MPa，与以往"初低阻高增阻"现象不符，说明本次来压强度非常高，而且本次显现靠近采空区侧工作面煤壁出现片帮现象。

2.4 小结

本章基于呼吉尔特矿区主采煤层及采场布置形式，定义了两种"采场结构"及结构内两种组成，通过对"采场结构"现场冲击显现形态进行统计分析，获得了采场冲击地压显现一般特征，主要结论如下：

（1）呼吉尔特矿区地质条件相对简单，但是几乎所有矿井的临空工作面均出现过冲击显现，从现场冲击显现位置及大能量矿震事件定位情况来看，多数冲击破坏集中在区段煤柱与底板，尤其以煤柱失稳冲击为主，该类冲击地压在呼吉尔特、新街、纳林河、彬长、华亭等矿区均有出现，其显现形式具有普遍性特征。

（2）从工作面支架工作阻力及工作面微震事件统计可以看出，在采场覆岩运动过程中，工作面区域内会呈现出小周期显现、大周期显现与特殊显现等几种显现形式。

（3）从微震事件积聚规律来看，工作面回采期间有两个较为明显的微震积聚区域，即工作面附近沿空侧和采空区内煤柱附近，可以看出 35m 煤柱尺寸具有明显不合理性。

（4）微震频次与每日总能量呈正相关，微震监测结果反映了顶板的周期性运动规律，即：来压期间，微震频次和能量一般会出现明显增加，来压过后，微震频次和能量又会出现迅速下降。由于微震活动具有超前于支架压力变化的特性，因此可以将微震活动性作为来压预报的重要参考信息。

（5）根据冲击显现形式及顶板覆岩运动的一般规律，将简单地质构造坚硬顶板宽煤柱采场结构分为两类：侧向多层悬顶采场结构、采空残留悬顶采场结构。结构的基本组成可分为"冲击施载结构"与"冲击承载结构"。

3

采场结构演化特性及冲击
失稳机制分析

3.1 引言

从第 2 章采场结构冲击显现特征分析来看，采场冲击地压多数发生在高静载应力集中区域，如端头超前工作面 40m 范围内，而该区域受采场侧向煤柱、侧向悬顶及本工作面顶板影响较大。"采场结构"中"冲击承载结构（煤柱）"和"冲击施载结构（坚硬顶板）"的各项参数及相对关系的变化会影响结构内部的应力环境，而"采场结构"的组合主要是指采场内组成部分的搭配和排列。"采场结构"随工作面回采后的结构演化规律如何？演化后的应力分布规律如何？"结构组合"形态下诱冲主控因素是什么？上述问题是采场冲击地压机理研究需要探讨的重要内容。

本章将采用理论分析与数值模拟方法对"采场结构"状态演化及应力场分布特征进行研究，通过正交试验方法探讨"采场结构"不同搭配和排列条件下的诱冲主控因素，理论推导"采场结构"中"平衡静载荷"与"失稳动载荷"的力学模型，探索"采场结构"动静载叠加应力分布一般规律，为采场冲击地压控制技术研究提出可行性的理论支撑。

3.2 采场结构载荷特性分析

3.2.1 结构失稳动载荷能量演化机制

采空区形成后，覆岩内应力处于动态调整状态，并形成一定的稳定承载结构，随着时间的推移，承载岩层及其上方控制的岩层系统发生缓慢变形，加之小的扰动便会造成顶板覆岩结构的破坏，产生的动载荷传递至"冲击承载结构"，进而引起高静载应力集中状态下的系统结构失稳，引发冲击。动载荷的形成主要是由"采场结构"中"冲击施载结构"失稳破断引起的，其中靠近煤层关键岩层的破断是结构失稳动载荷的主要来源。因此，本节将重点讨论关键层破断释放的动载荷，以门克庆煤矿为例，对冲击显现影响较大的主要为煤层上覆厚硬砂岩（如 No.1、No.2 关键层）的破断或断裂下冲运动。

3.2.1.1 关键层（或砌体梁）破断能量释放及动载作用模型

"冲击施载结构"在本书中主要指厚硬顶板岩层结构，尤其是起到诱冲作用的关键岩层，上述岩层的破断运动对于采场"大周期显现"与"特殊显现"具有重要影响，可以根据"砌体梁理论"建立岩体破裂弹脆性力学模型，如图3-1所示。

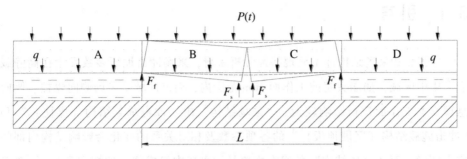

图3-1 覆岩破裂模型（砌体梁）

相关研究表明，顶板岩层与煤层一样具有随时间变化的流变性质，上覆载荷 $P(t)$ 随时间变化，其函数表达式为 $P(t) = mt + q$，m 为与岩体物理力学性质相关的参量，q 为顶板岩层自身均布载荷，依据"冲击施载结构"破断运动过程，在时间尺度上将其分为三个阶段，如图3-2所示。

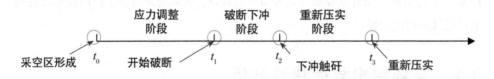

图3-2 覆岩变化时间关系

$t_0 \sim t_1$ 阶段，煤体开挖，覆岩应力调整，顶板岩层弯曲变形，t_1 时刻顶板岩层弯曲变形量最大；$t_1 \sim t_2$ 阶段，顶板岩层破断下沉，产生冲击动载，t_2 时刻岩层底端触矸；$t_2 \sim t_3$ 阶段，顶板岩层及其控制的覆岩协同运动，动载作用在"受载煤体"上，应力调整，t_3 时刻达到稳定。

$t_0 \sim t_1$ 阶段，顶板岩层在载荷作用下发生弯曲变形，积蓄大量弹性能，顶板岩层及其控制的上覆载荷的挠曲方程为：

$$w = \frac{1}{EI}\left[-\frac{(mt + q)}{24}x^4 + \frac{(mt + q)L}{12}x^3 - \frac{(mt + q)L^2}{24}x^2 \right] \qquad (3-1)$$

式中　　w——顶板岩层弯曲变形量；

　　　　E——岩层弹性模量；

　　　　I——梁结构的惯性矩；

　　　　L——t_1 时刻岩体破断时的极限跨距，可用公式（3-2）表示。

$$L = h \sqrt{\frac{2R_T}{mt + q}} \tag{3-2}$$

式中 h——顶板岩层的厚度；

R_T——顶板岩层两端的极限抗拉强度。

顶板岩层的转角方程为：

$$\theta = \frac{1}{EI} \left[-\frac{(mt + q)}{6} x^3 + \frac{(mt + q) L}{4} x^2 - \frac{(mt + q) L^2}{12} x \right] \tag{3-3}$$

顶板岩层及其控制的覆岩系统积蓄的弹性能 U_e 为：

$$U_e = \int_0^L (mt + q) (-w) \, \mathrm{d}x = \frac{(mt + q)^2 L^5}{720EI} \tag{3-4}$$

t_1 时刻，顶板岩层在上覆载荷作用下达到了极限跨距，岩层中部弯曲变形量 W_{max} 最大，同时积蓄的弹性能 U_1 达到峰值，即：

$$W_{max} = -\frac{(mt_1 + q) L^4}{384EI} \, , \quad U_1 = \frac{(mt_1 + q)^2 L^5}{720EI} \tag{3-5}$$

随着覆岩的进一步运动，t_1 时刻后，顶板岩层及其控制的上覆岩层协同运动，同时，顶板岩层系统所积蓄的弹性能一部分在顶板岩层破断时耗散，将能量转移到采空区两侧的顶板岩层，并以震动波方式向岩体两侧传递并逐渐衰减，该部分耗散能的大小主要取决于顶板岩层的坚硬和完整程度，这种震动波是造成许多矿震发生的主要力源，对于静载荷较高的巷道围岩系统，也极易因顶板岩层的强烈震动而发生煤岩动力灾害。顶板岩层系统所积蓄的另一部分弹性能则作用于破断岩体及其控制的覆岩中，使其产生较大动能，在重力势能的作用下，最终作用于"受载煤体"，产生较大动载。顶板岩层破断时的耗散能用 U_d 表示，用耗散系数 ξ 表示其与顶板岩层形成的弹性能的关系，即：

$$U_d = \xi U_1 \tag{3-6}$$

$t_1 \sim t_2$ 阶段，顶板岩层破断下沉特征与开采高度和距顶板岩层的距离等有关，本书仅考虑破断过程，A、B 岩块均处于铰接状态。由煤岩碎胀性可知，矸石上部与顶板岩层的距离 W_0 为：

$$W_0 = M - \sum h_i (K_{pi} - 1) \tag{3-7}$$

式中 M——开采高度；

h_i——开采层上方岩层高度；

K_{pi}——对应岩层的碎胀系数。

考虑顶板岩层的弯曲变形，其与矸石的实际距离 W_1 为：

$$W_1 = M - \sum h_i (K_{pi} - 1) - \frac{(mt_1 + q) L^4}{384EI} \tag{3-8}$$

顶板岩层破断后，对于 B、C 岩块铰接体，在重力作用下，至 t_2 时刻，其位能增量 U_i 为：

$$U_i = \frac{1}{2} W_1 G_k g, \quad G_k = \sum \rho_j l_B h_j + \sum \rho_j l_C h_j \qquad (3-9)$$

式中　　G_k——B、C 岩块及其控制的覆岩的总质量；

　　　　ρ_j——j 岩层的密度；

　　　　l_B——B 岩块的长度；

　　　　l_C——C 岩块的长度；

　　　　h_j——j 岩层的厚度。

顶板岩层下沉过程中满足：

$$W_1 = \frac{1}{2} a_1 (t - t_1)^2, \quad G_k g - 2F_f = G_k a_1, \quad t_1 < t \leqslant t_2 \qquad (3-10)$$

故：

$$F_f = \left(\sum \rho_j l_B h_j + \sum \rho_j l_C h_j \right) \left[\frac{g}{2} - \frac{M - \sum h_i (K_{pi} - 1) - \dfrac{(mt_1 + q) L^4}{384EI}}{(t - t_1)} \right] \qquad (3-11)$$

式中　　F_f——B、C 岩块两端的支撑力；

　　　　a_1——B、C 岩块整体下沉的加速度。

故 t_2 时刻，B、C 岩块及其控制的覆岩系统总能量 U_2 为：

$$U_2 = \frac{g}{2} \left[M - \sum h_i (K_{pi} - 1) - \frac{(mt_1 + q) L^4}{384EI} \right] \left(\sum \rho_j l_B h_j + \sum \rho_j l_C h_j \right) +$$

$$\frac{(mt_1 + q)^2 L^5}{720EI} (1 - \xi) \qquad (3-12)$$

$t_2 \sim t_3$ 阶段，顶板岩层破断触矸后，B、C 岩块积蓄的能量快速释放，形成动载应力直接作用在"受载煤体"上，产生较大动载，并以震动波方式向外传递。顶板岩层下沉过程中，采空区矸石被重新压实，支撑力 F_s 是与时间有关的参量。

$$G_k g - 2F_{ft_2} - 2F_s = G_k a_2 \qquad (3-13)$$

$$W_2 = v_0 (t - t_2) + \frac{1}{2} a_2 (t - t_2)^2, \quad v_0 = a_1 (t_2 - t_1), \quad t_2 < t \leqslant t_3 \qquad (3-14)$$

式中　　a_2——$t_2 \sim t_3$ 阶段 B、C 岩块下沉加速度；

　　　　W_2——$t_2 \sim t_3$ 阶段 B、C 岩块下沉量；

　　　　v_0——t_2 时刻 B、C 岩块下沉速度；

　　　　F_{ft_2}——t_2 时刻岩体两侧支承力。

故可知：

$$W_2 = a_1 (t_3 - t_2)(t_2 - t_1) + \frac{1}{2} \left[g - \frac{2(F_f + F_s)}{G_k} \right] (t_3 - t_2)^2 \quad (3-15)$$

$t_2 \sim t_3$ 阶段，作用在"受载煤体"上总的能量 U_3 为：

$$U_3 = \frac{g}{2} \left[\begin{array}{c} M - \sum h_i (K_{pi} - 1) - \dfrac{(mt_1 + q)L^4}{384EI} + \dfrac{g(t_3 - t_2)^2}{2} \\[2mm] + a_1(t_3 - t_2)(t_2 - t_1) - \dfrac{(F_f + F_s)}{G_k}(t_3 - t_2)^2 \end{array} \right] \left(\sum \rho_j l_B h_j + \sum \rho_j l_C h_j \right)$$

$$+ \frac{(mt_1 + q)^2 L^5}{720EI}(1 - \xi)$$

$$(3-16)$$

顶板岩层破断作用于"受载煤体"，产生较大动载，并以震动波方式向外传递能量，使得周围煤岩体发生震动，与静载应力耦合作用，当系统载荷超过其极限载荷时便发生失稳，从而发生冲击显现。需要指出的是，动载源在向外传播过程中，能量的衰减与煤岩介质物理力学性质及传播路径有密切关系。相关研究表明，井下震动波传播过程中的衰减满足以下关系：

$$U_r = U_s e^{-\lambda L_r} \quad (3-17)$$

式中　　U_s——震源处产生的能量；

　　　　L_r——r 点与震源的距离；

　　　　U_r——由震源传递到 r 点处的震动能量；

　　　　λ——衰减系数，是与煤岩介质物理力学性质相关的参量，可根据实际矿井条件，结合相关技术设备实测参数进行拟合，得出较为准确的计算公式。

关键岩层初次破断时往往形成较大动载，但破断位置与冲击显现区域会存在一定距离，这是由于通常震源处煤岩系统塑性变形严重或处于应力降低区，动静载作用难以超过系统极限载荷，而工作面超前影响区或应力异常区本身静载较高，动载叠加扰动便很容易超过系统极限载荷，从而诱发冲击地压事故。同时需要指出的是，震动波传播过程中能量衰减与煤岩介质物理参数密切相关，厚硬岩层完整性好、强度高、孔隙率小，其破断时释放的弹性能更多，同时震动波传播过程中衰减相对较小。

3.2.1.2　覆岩悬臂梁破断能量释放及动载作用模型

顶板覆岩初次破断后，随着工作面向前推进，顶板覆岩逐渐形成悬顶，当悬顶长度超过其破断步距时发生破断，"悬臂梁"破断过程中对于采场"小周期"显现具有重要影响。虽然顶板岩层破断形态众多，但能形成强动载造成覆岩空间强烈震动的主要是悬臂梁的破断，故基于"悬臂梁理论"建立其破断的力学模型，如图 3-3 所示。

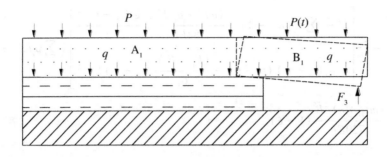

图 3-3 覆岩破裂模型（悬臂梁）

与顶板覆岩初次破断相似，开挖空间顶板上覆载荷 $P(t)$ 随时间变化，其函数表达式为 $P(t) = nt + q$，n 为与煤岩物理力学性质相关的参量，q 为顶板岩层自身均布载荷。悬顶阶段，顶板岩层在覆岩及自重作用下发生弯曲变形，积蓄弹性能，其挠曲方程为：

$$w_1 = -\frac{qx^2}{24EI}(x^2 - 4l_d x + 6l_d^2) \tag{3-18}$$

式中　　w_1——顶板岩层弯曲下沉量；

　　　　l_d——悬顶长度。

悬臂梁破断瞬间的极限跨距 L_{b1} 和其末端最大弯曲变形量 W_{bmax} 分别为：

$$L_{b1} = h\sqrt{\frac{R_T}{3(nt+q)}} \;,\quad W_{bmax} = -\frac{(nt+q)L_1^4}{8EI} \tag{3-19}$$

悬臂梁在弯曲变形阶段积蓄的弹性能 U_{b1} 和破断瞬间的能量 U_{d1} 分别为：

$$U_{b1} = \frac{(nt+q)^2 L_1^5}{20EI} \;,\quad U_{d1} = \xi_1 U_{x1} \tag{3-20}$$

式中　　ξ_1——耗散系数，是与顶板岩层物理力学性质相关的参量。

悬臂梁及其覆岩系统破断瞬间消耗的能量一小部分用于克服摩擦力，其余的能量通过岩体破断瞬间引起的动载向实体煤侧顶板传递，形成震动波，顶板岩体破断过程中形成的动载 σ_{d1} 可用下式计算：

$$\sigma_{d1} = \frac{K_d \sum C_{Ti} h_i^2}{3L_a^2}[\sigma_T]_i + \frac{K_d \sum C_{\tau i} h_i}{L_a}[\tau]_i \tag{3-21}$$

式中　　K_d——动载系数，一般取 1~2；

　　　　C_{Ti}、$C_{\tau i}$——反映顶板及其覆岩破断方式的参量，i 岩层为拉破断时，$C_{Ti} = 1$、

$C_{\tau i} = 0$，i 岩层为剪破断时，$C_{Ti} = 0$、$C_{\tau i} = 1$；

$\qquad h_i$——i 岩层的厚度；

$\qquad [\sigma_T]_i$——i 岩层的抗拉强度；

$\qquad [\tau]_i$——i 岩层的抗剪强度；

$\qquad L_a$——断裂面与煤壁距离。

悬臂梁破断后，在剩余弹性势能和重力势能作用下，形成动载，作用在采掘空间，其下沉量 W_{b1} 可根据下式计算：

$$W_{b1} = M - \sum h_i (K_{pi} - 1) - \frac{(nt_{b1} + q) L_1^4}{8EI} \qquad (3\text{-}22)$$

悬臂梁破断下沉中满足：

$$W_{b1} = \frac{1}{2} a_{b1} (t - t_{b1})^2, \quad G_{bk}g - F_{bf} = G_{bk}a_{b1}, \quad t_{b1} < t \leqslant t_{b2} \qquad (3\text{-}23)$$

式中　　G_{bk}——B_1 岩块及其控制的覆岩质量；

$\qquad a_{b1}$——悬臂梁下沉加速度。

可求得悬臂梁下沉过程中的端部煤体支承应力 F_{bf} 为：

$$F_{bf} = G_{bk}g - \frac{2G_{bk}\left[M - \sum h_i (K_{pi} - 1) - \dfrac{(nt_{b1} + q) L_1^4}{8EI} \right]}{(t - t_{b1})} \qquad (3\text{-}24)$$

悬臂梁破断触矸前，B_1 岩块及其控制的覆岩系统总能量 U_{b2} 为：

$$U_{b2} = \frac{gG_{bk}}{2}\left[M - \sum h_i (K_{pi} - 1) - \frac{(nt_{b1} + q) L_1^4}{8EI} \right] + \frac{(nt_{b1} + q)^2 L_1^5}{20EI}(1 - \xi_1) \qquad (3\text{-}25)$$

岩体触矸后，形成动载应力作用在"受载煤体"上，可求得其作用在"受载煤体"上的能量为：

$$U_{b3} = \frac{gG_{bk}}{2}\left[\begin{aligned} & M - \sum h_i (K_{pi} - 1) - \frac{(nt_{b1} + q) L_1^4}{8EI} + \frac{g (t_{b3} - t_{b2})^2}{2} \\ & + a_{b1} (t_{b3} - t_{b2}) (t_{b2} - t_{b1}) - \frac{F_{bf} + F_{bs}}{G_{bk}} (t_{b3} - t_{b2})^2 \end{aligned} \right] +$$

$$\frac{(nt_{b1} + q)^2 L_1^5}{20EI}(1 - \xi_1) \qquad (3\text{-}26)$$

式中　　F_{bs}——"受载煤体"对 B_1 岩块的支撑力。

悬臂梁及其控制的覆岩系统破断时释放的能量所形成的动载和其最终作用在"受载煤体"上形成的动载有较大差异，所诱发的冲击类型也有所差异，针对这两种动载形成机理的差异制定合理的卸压方案，消除较大动载，保证安全回采。

3.2.2　结构平衡静载荷应力演化机制

工作面回采后，采空区在一定时间内会形成一个结构平衡态，该平衡态形成后，会产生静载荷的平衡加载，并施加到"冲击承载结构"（在本书中主要指煤柱），根据实际观测及相关研究可知，采空区遗留煤柱只能对上覆顶板起到临时支承作用，一段时间后会分区产生渐变或突变，从而诱发失稳破坏，遗留煤柱的失稳将进一步导致煤柱上覆顶板的下沉和运动。图 3-4 所示为采场内煤柱承载应力演化示意图，根据煤柱在采场内的不同位置做三个剖面：Ⅰ-Ⅰ剖面、Ⅱ-Ⅱ剖面与Ⅲ-Ⅲ剖面。其中Ⅲ-Ⅲ剖面对应 T_0 位置为"超前多层悬顶结构"所对应位置，Ⅱ-Ⅱ剖面对应 T_1 位置为受侧向采空区与本工作面超前应力影响区域，Ⅰ-Ⅰ剖面对应 T_2 位置为"采空区残留煤柱"区域。

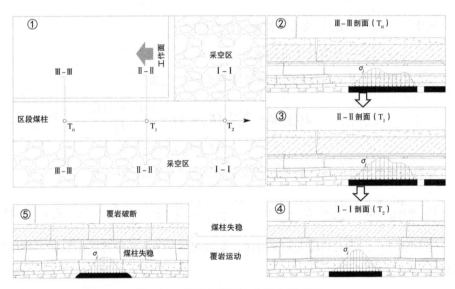

图 3-4　采场内煤柱应力演化示意图

从图 3-4 可以看出：

（1）如Ⅲ-Ⅲ剖面 T_0 位置所示，当宽区段煤柱一侧采空，另一侧为沿空巷道时，煤柱处于侧向多层悬顶采场结构中，煤柱内一定范围会受侧向支承应力影响形成靠近采空区的应力峰值区，而靠近巷道位置由于受巷道影响也会有一定的应力峰值区，但相对采空区侧应力峰值要小，煤柱内应力总体呈现非对称"马鞍形"分布。

（2）如Ⅱ-Ⅱ剖面 T_1 位置所示，当煤柱逐步进入本工作面超前应力影响范围后，煤柱内本工作面侧受超前支承应力影响会出现应力峰值的升高，叠加侧向采空区侧应力峰值后会出现如图3-4所示的应力变化，但总体会继续维持非对称"马鞍形"分布。

（3）如Ⅰ-Ⅰ剖面T_2位置所示，当宽区段煤柱两侧采空形成采空残留采场结构后，受双侧采空区影响，煤柱内两个应力峰值会产生叠加，煤柱内的应力分布状态会由非对称"马鞍形"分布逐渐演变为"拱形"分布。如果煤柱的支承能力满足要求，且叠加后的峰值应力小于煤柱的极限承载能力，则煤柱会暂时保持稳定。

（4）煤柱的稳定并不是持续存在的，随着时间延长，煤柱靠近采空区侧的区域会出现失稳破坏现象，造成煤柱内承载结构尺寸减小，当应力峰值超过煤柱内承载结构的极限强度后，煤柱会突然整体压缩失稳，随着煤柱压缩，上覆岩层会出现进一步的运动，上传至高位岩层后会呈现出图3-4中⑤所示的覆岩破断情况，此时，会产生破断动载，传导至工作面区域时会诱发工作面冲击。

研究"冲击承载结构"（煤柱）受动载影响的失稳形态，应结合动载来源"冲击施载结构"（顶板）系统考虑。一般认为顶板的刚度k_r要大于煤体的刚度k_c，若顶板出现下沉，其引起的动载将施加在煤柱中，此时，煤柱较容易失稳破坏。

将顶板简化为上部受上覆岩层载荷及自重作用，下部受煤柱影响的板状结构，并将各层顶板简化为弹性体。根据煤柱的流变与突变特性，可以将煤柱看作弹性结构与脆性结构的集合体。假设煤柱由n个等距的弹脆性结构组成，建立简化弹性-弹脆性模型如图3-5所示。

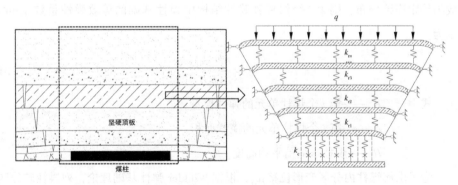

图3-5　弹性-弹脆性力学模型

建立坚硬顶板条件下煤柱结构，弹性-弹脆性模型能量表达式为：

$$U_e = (k_{r1}\mu_{r1}^2 + k_{r2}\mu_{r2}^2 + k_{r3}\mu_{r3}^2 + \cdots + k_{rn}\mu_{rn}^2 + k_c\mu_c^2)/2 \tag{3-27}$$

式中　　U_e——弹性-弹脆性模型积聚的弹性能；

　　$k_{r1}\cdots k_{rn}$——弹性复合砂岩顶板的刚度；

　　k_c——弹脆性煤柱的刚度；

$$\mu_{r1}\cdots\mu_{rn}\text{——弹性复合砂岩顶板的变形位移；}$$

$$\mu_c\text{——弹脆性煤柱的变形位移。}$$

假设弹性顶板破坏前为矩形平板，则第 i 层顶板长度为 a_i、宽度为 b_i、层厚为 h_i，弹性模量为 E_{ri}、泊松比为 ν_{ri}、体密度为 ρ。

第 i 层顶板的均布力 q_i 可表示为：

$$q_i = (E_{ri}I_{ri}\nabla^4 + k_{ri})\mu_{ri} \tag{3-28}$$

式中　　E_{ri}——第 i 层顶板的弹性模量；

　　　　I_{ri}——第 i 层顶板的截面惯性矩；

　　　　∇——拉普拉斯算子。

根据顶板的边界条件与应力分布情况，可以得到如下方程：

$$\int_0^{a_i}\int_0^{b_i}[(E_{ri}I_{ri}\nabla^4 + k_{ri})\mu_{ri} - q_i](x^2 - 0.25a^2)^2(y^2 - 0.25b^2)^2\mathrm{d}x\mathrm{d}y = 0 \tag{3-29}$$

进一步可求得第 i 层顶板的最大下沉量 μ_{ri0} 为：

$$\mu_{ri0} = \frac{441q_i}{128[2k_{ri} + 9E_{ri}I_{ri}(112a^{-4} + 112b^{-4} + 64a^{-2}b^{-2})]} \tag{3-30}$$

式中　　q_i——第 i 层顶板上覆均布载荷 q 与本身自重应力 ρgh_i 的叠加。

从采空区向煤柱方向存在破碎区、塑性区和弹性区"三区"分布，而"三区"应力状态各不相同，其中破碎区与塑性区处于应力增加段，弹性区处于应力降低段与应力稳定段。根据 Winkler 弹性基础理论，将等距分布的弹脆性煤柱结构近似等效为等距连续分布，则第 i 个煤柱弹脆性结构中弹性基础的等效弹性系数 k_{ci} 可表示为：

$$k_{ci} = \frac{nE_{ci}A_{ci}}{a_ib_iH} \tag{3-31}$$

式中　　E_{ci}——第 i 个煤柱单元的弹性模量；

　　　　A_{ci}——第 i 个煤柱单元的横截面积；

　　　　H——煤柱压缩前平均高度。

为了求解煤柱内分区变形位移 μ_{ci}，根据 Winkler 弹性基础理论，列煤柱破碎区、塑性区与弹性区的挠曲线微分方程：

$$E_cI_c\mu_{ci}^{(4)} = \gamma H - k_{ci}\mu_{ci} - f(x) \tag{3-32}$$

3.2.3 结构失稳形态及失稳能量条件

3.2.3.1 冲击承载结构失稳形态

"冲击承载结构"（煤柱）对受采动所产生重分布应力的响应与煤柱宽度、高度、煤体裂隙发育、支护约束特性等有直接关系。

当煤柱尺寸达到一定规模时，煤柱一般显现为表面煤体小范围片帮，这主要是由于支护约束不足造成的，该尺寸煤柱一般可以较好地承受上部载荷，在帮部支护良好条件下，不会出现整体性失稳冲击现象。但若煤柱片帮较频繁出现的话，说明煤柱结构内部应力环境出现了集中，当较大范围超出煤体强度时，也会出现大范围突然失稳。当煤柱尺寸，尤其是煤柱高宽比在一定范围内时，因煤体为含裂隙介质，当主要裂隙较为发育时也会出现清晰的剪切破裂面。当煤柱尺寸（高宽比）小于某一临界数值时，煤柱会出现压缩破坏，受上部载荷影响，煤柱内部出现屈服，进而在煤柱内部产生轴向劈裂面。

总体来说，煤柱的破坏可分为流变与突变两个阶段，流变阶段改变了煤体的承载结构尺寸，使煤柱承载能力下降，当受本身承载的静载及顶板变化带来的动载影响时，会出现突变破坏。因此，煤柱的破坏失稳与时间、载荷和承载煤柱尺寸均具有相关性。

3.2.3.2 冲击承载结构失稳破坏的能量条件

从现场冲击显现统计来看，多数超前工作面冲击显现发生在煤柱区域，采空区内微震系统所监测到的大能量事件多数也集中在煤柱区域，而煤柱形成后其内部积聚的弹性能为公式（3-27）中的 U_e。

当"冲击承载结构"承受突然动载时，其总应变能 U 主要包括静态弹性能 U_e 和动载施加到承载结构的能量 U_D。

$$U = U_e + U_D \qquad (3-33)$$

承载结构在动静载作用过程中，若系统能量超过其失稳临界能量 U_{min}，则承载结构发生冲击破坏，释放能量，能量变化满足：

$$U \geqslant U_{min} \qquad (3-34)$$

砌体梁和悬臂梁模型的破断方式不同，对承载结构施加的动载能量有所差异，同时，顶板岩层破断时产生的动载和最终触矸时产生的冲击载荷也有差异，其传播路径和对承载结构的作用方式不同，导致承载煤体失稳形态不同，根据动载模型的破断方式可得出对应的能量失稳准则。

（1）对于砌体梁破断模型：

1）砌体梁破断时

$$\frac{k_{r1}\mu_{r1}^2 + k_{r2}\mu_{r2}^2 + k_{r3}\mu_{r3}^2 + \cdots + k_{rn}\mu_{rn}^2 + k_c\mu_c^2}{2} + e^{-\lambda L_r}\xi\frac{(mt_1 + q)^2 L^5}{720EI} \geq U_{min} \quad (3-35)$$

2）砌体梁下沉触矸时

$$\frac{k_{r1}\mu_{r1}^2 + k_{r2}\mu_{r2}^2 + k_{r3}\mu_{r3}^2 + \cdots + k_{rn}\mu_{rn}^2 + k_c\mu_c^2}{2} + e^{-\lambda L_r}\frac{(mt_1 + q)^2 L^5}{720EI}(1-\xi) + \frac{e^{-\lambda L_r}g}{2}$$

$$\times \left[\begin{array}{c} M - \sum h_i(K_{pi} - 1) - \dfrac{(mt_1 + q)L^4}{384EI} + \dfrac{g(t_3 - t_2)^2}{2} \\ + a_1(t_3 - t_2)(t_2 - t_1) - \dfrac{(F_f + F_s)}{G_k}(t_3 - t_2)^2 \end{array} \right] \left(\sum \rho_j l_B h_j + \sum \rho_j l_C h_j \right) \geq U_{min}$$

$$(3-36)$$

（2）对于悬臂梁破断模型：

1）悬臂梁破断时

$$\frac{k_{r1}\mu_{r1}^2 + k_{r2}\mu_{r2}^2 + k_{r3}\mu_{r3}^2 + \cdots + k_{rn}\mu_{rn}^2 + k_c\mu_c^2}{2} + e^{-\lambda L_r}\xi_1\frac{(nt_{b1} + q)^2 L_1^5}{20EI} \geq U_{min} \quad (3-37)$$

2）悬臂梁下沉触矸时

$$\frac{k_{r1}\mu_{r1}^2 + k_{r2}\mu_{r2}^2 + k_{r3}\mu_{r3}^2 + \cdots + k_{rn}\mu_{rn}^2 + k_c\mu_c^2}{2} + e^{-\lambda L_r}\frac{(nt_{b1} + q)^2 L_1^5}{20EI}(1-\xi_1)$$

$$+ \frac{e^{-\lambda L_r}gG_{bk}}{2}\left[\begin{array}{c} M - \sum h_i(K_{pi} - 1) - \dfrac{(nt_{b1} + q)L_1^4}{8EI} + \dfrac{g(t_{b3} - t_{b2})^2}{2} \\ + a_{b1}(t_{b3} - t_{b2})(t_{b2} - t_{b1}) - \dfrac{F_{bf} + F_{bs}}{G_{bk}}(t_{b3} - t_{b2})^2 \end{array} \right] \geq U_{min} \quad (3-38)$$

当"冲击承载结构"发生剪切破坏时，所需最小能量变化量为：

$$U_{min} = \tau_c^2 / 2E_c \quad (3-39)$$

当"冲击承载结构"发生压缩破坏时，所需最小能量变化量为：

$$U_{min} = R_c^2 / 2E_c \quad (3-40)$$

式中　　E_c——煤体弹性模量；

　　　　R_c——煤体抗压强度；

　　　　τ_c——煤体抗剪强度。

由煤柱失稳的能量准则可知，煤柱中弹性结构的刚度、煤柱的位移变化、波速、介质密度、时间效应、顶板弹性模量、顶板惯性矩、顶板岩层厚度等均对煤柱的破坏具有正相关影响，因此根据公式（3-35）~公式（3-38），可以通过降低左侧数值或增加右侧数值来满足煤柱稳定要求。

公式（3-35）~公式（3-38）左侧数值的降低措施主要包括顶板爆破、煤体处理等，上述措施可以改变煤岩结构的物理力学性质，从而达到数值降低的目的。

公式（3-35）~公式（3-38）右侧数值的增加措施主要包括增加煤柱的承压强度、加强支护或增加弹性核区的承载能力，因此综合来看，首先应对坚硬顶板结构进行处理，其次再针对煤层进行卸压处理。

3.3　采场结构演化特征分析软件选择及模型建立

3.3.1　数值模拟软件选择

目前研究岩体不连续特性的力学方法主要有以下几种：①极限平衡法；②动量转换法；③不连续变形分析法；④模态法；⑤离散元法。其中离散元法将岩体视为刚性块体的组合，通过刚性块体的离散组合和构成有明确物理意义的块体接触关系来建立有限离散模型，采用拉格朗日算法分析岩块内部的弹性变形与应力分布，从而将刚体离散元法发展到变形体离散元法。离散元法的标志性特点是允许有限位移和离散体的转动、脱离，计算过程中可以自动判别块体间可能出现的新的接触关系。离散元法的主要计算程序有：二维离散元程序（UDEC）、三维离散元程序（3DEC）和颗粒元程序（PFC）等。本节将采用通用离散元程序（Universal Distinct Element Code，UDEC）模拟"采场结构"状态演化及应力场变化特征。

3.3.2　数值模型建立

为获得较为准确的围岩力学参数，以门克庆煤矿 3-1 煤层及顶板岩层为基础研究对象，开展煤岩物理力学参数测定。按照《煤和岩石物理力学性质测定方法》GB/T 23561，对煤岩标准试样的各个参数指标进行测定，如图 3-6 与表 3-1 所示。本次测定煤样为 3-1 煤，其测定参数标记为 3 号煤（硬煤），其余 1 号煤（软煤）与 2 号煤（中硬煤）参数根据 3 号煤（硬煤）参数进行适当调整得到。

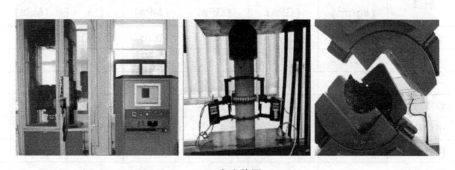

(a)试验装置

图 3-6　煤岩样物理力学参数测定试验

(b)测试前煤岩样形态

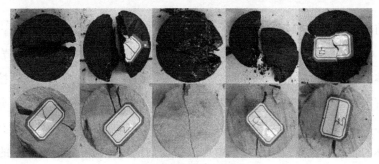

(c)测试后煤岩样形态

图3-6 煤岩样物理力学参数测定试验（续）

对于 Mohr-Coulomb 塑性本构模型，需要赋予材料如下属性：密度、体积模量、剪切模量、黏聚力、内摩擦角、抗拉强度、杨氏模量等，其中体积模量 K、剪切模量 G 与弹性模量 E、泊松比 μ 之间的关系如下：

$$K = \frac{E}{3(1-2\mu)}, \quad G = \frac{E}{2(1+\mu)} \tag{3-41}$$

煤岩物理力学参数　　　　　　　　　　　　　　表 3-1

岩性	密度 （kg/m³）	体积模量 （GPa）	剪切模量 （GPa）	黏聚力 （MPa）	摩擦角 （°）	抗拉强度 （MPa）
1 号煤	1300	0.73	0.54	0.65	28.23	0.43
2 号煤	1500	1.02	0.95	1.16	30.55	0.95
3 号煤	1832	1.25	1.30	1.88	42.02	1.77
砂质泥岩	2321	4.04	3.03	17.36	26.10	4.34
中粒砂岩	2294	4.76	2.99	13.61	27.23	3.32
粗粒砂岩	2343	5.38	3.54	15.19	31.53	4.13
细粒砂岩	2352	13.63	4.88	21.22	30.82	5.67
粉砂岩	2355	4.17	2.63	22.81	21.31	3.62

建立尺寸为270m×800m的离散元数值模型，留设200m边界煤柱，根据现场地应力测试结果，模型侧压系数取1.42。模型左右与底部采用人工约束边界。模型采用Mohr-Coulomb塑性本构模型，数值模型如图3-7所示。

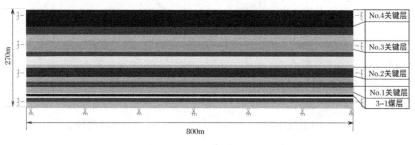

图3-7　数值模型

模型的侧边限制水平位移和速度，底部边界限制垂直位移和速度，在模型上边界施加16.225MPa垂直载荷，模拟煤层埋深690m左右。

3.4　侧向多层悬顶采场结构演化特征分析

根据第2章所定义的侧向多层悬顶采场结构共分为两种情况，一种为侧向采空的采场结构，一种为本工作面回采形成的采场结构。本节将对上述两种情况进行结构演化及不同情况下应力场分布特征分析。

3.4.1　侧向采空覆岩结构演化规律

3.4.1.1　关键层结构破断垂直应力分布

顺序开挖3102巷道、3101工作面，形成侧向采空状态，运行5.0×10^5步后，侧向采空模型状态如图3-8所示。

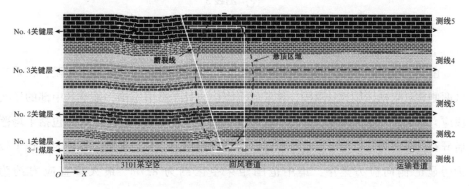

图3-8　侧向采空模型状态

图 3-9 所示为模型覆岩内各测线位置垂直应力分布特征曲线。

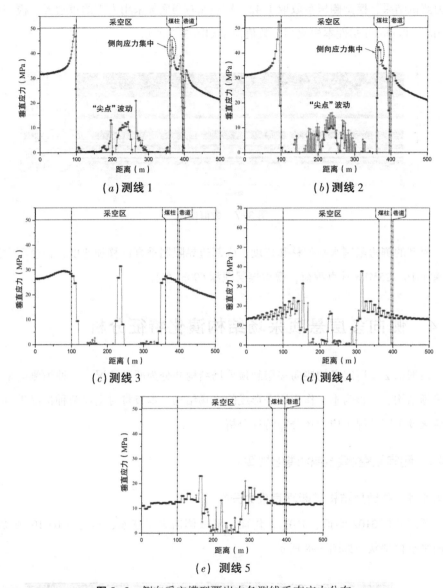

图 3-9　侧向采空模型覆岩内各测线垂直应力分布

由图 3-9（a）可知，采空区范围内较明显地分为了悬顶段与压实段，在采空区两侧靠近煤柱区域为悬顶段，该区域垂直应力处于低值范围，采空区中部的压实段应力得到了一定的恢复，但总体应力水平低于正常应力，该区域应力包括了垮落后矸石自身重力及上覆岩层对堆积矸石的垂直作用力。采空区侧向煤柱内出现了较为明显的侧向应力集中，集中范围距采空区约为 8.7m，最大垂直应力约为45.23MPa，说明侧向悬顶对于煤柱内应力分布具有重要影响。此外，巷道开挖也影响了煤柱内应力分布，但影响范围相对较小。

由图 3-9（a）、（b）可知，采空区范围内 No.1 关键层的垂直应力出现了"尖点"波动状态，主要是由于关键层的垮落与下部堆积矸石的不均匀支承作用，使 No.1 关键层对其上覆岩层出现了不均匀的支承状态。

由图 3-9（c）可知，采空区范围内 No.2 关键层出现了应力集中现象，"尖点"应力达到了 31.37MPa，超出该岩层其他区域应力，主要是由于该区域岩层出现了铰接承力结构，因此呈现出"尖点"应力形态。

由图 3-9（d）、（e）可知，岩层内应力突变点已远离采空区边缘线，主要是由于上位岩层断裂形成漏斗状裂隙，从而使岩层内应力呈现如图所示曲线状态。

煤柱范围内垂直应力逐步增大说明该区域内顶板出现了部分裂隙，使上覆岩层的承力结构出现破坏，进而引起了应力向四周转移。由于多层关键岩层引起的悬顶结构呈现出了多层悬顶结构，因此，悬顶的存在是造成下部煤柱内应力集中的重要原因之一。

巷道开挖区域的应力波动说明巷道开挖使围岩应力重分布，部分应力转移到了顶板岩层中，但较小尺度的巷道开挖并不会对围岩应力集中造成较大影响。

3.4.1.2 不同时步模型应力状态

对侧向采空模型采用分步计算方法来模拟采后不同时间的采场状态。每计算周期为 1.0×10^5 步，模拟不同计算时步侧向采空下的采空区覆岩状态，并分析不同计算时步下煤层处"测线 1"应力分布规律，如图 3-10 所示。

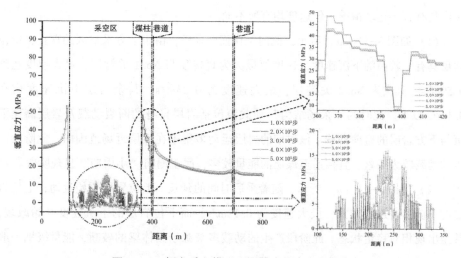

图 3-10　侧向采空模型不同时步垂直应力分布

从垂直应力分布来看，不同计算时步内模型中的应力分布有所差别，尤其是模型中侧向采空区部分与煤柱内应力分布在各计算时步中有较明显区别：

（1）采空区形成后随着时间的推移，上覆岩层出现了断裂重构，因此在采空区范围内形成了矸石垮落带和上覆岩层裂隙带，垮落矸石受上覆断裂弯曲岩层压覆作用呈现"尖点"应力分布特征，随着采后时间的延长，上覆岩层逐步下压，计算时步从 1.0×10^5 步到 5.0×10^5 步，堆积矸石中"尖点"应力值逐步增大，且"尖点"应力位置也发生了变化，证明了采后上覆岩层活跃运移现象的存在。

（2）在各计算时步，煤柱内均出现了应力集中现象，受离散元单元尺寸影响，应力集中区域在 X 向并未出现明显的变化，应力集中区域多集中在距采空区边缘 5~12m 范围内，最大值出现在距采空区边缘 8m 位置。从应力值变化来看，煤柱内应力大小与采后时间具有较为明显的关联性，计算时步从 1.0×10^5 步到 5.0×10^5 步，煤柱内最大应力由 45.57MPa 降至 42.06MPa，下降了 7.7%，说明随着采后时间的延长，侧向采空区内上覆岩层断裂运移，力学结构产生了重构，覆岩内应力进行了转移，压覆至煤柱内的应力因此出现了降低。

（3）从不同时步模型内应力变化来看，煤柱区域即巷道附近随着采后时间的延长，应力峰值逐渐降低，因此，现场可以通过人工顶板爆破处理措施来加速侧向采空区顶板的断裂，从而尽快实现采后平衡状态，并达到煤柱内应力降低的效果。

3.4.1.3 不同时步岩层下沉速度

分析从 1.0×10^5 步到 5.0×10^5 步变化下不同测线处岩层下沉速度规律，如图 3-11 所示。岩层的下沉速度表示岩层破断时的冲击速度，表征岩层在某时刻的活跃程度。从上述各计算时步模型中测线处岩层的下沉速度曲线及云图来看，不同计算时步内均有岩层运动情况，但速度均有所不同。

（1）如图 3-11（a）所示，侧向工作面回采后，由于下方采空区的存在，低位岩层具有了较高的下沉速度，速度值最大为直接顶与 No.1 关键层，最大速度达到 0.59m/s，其次为 No.2 关键层，最大速度为 0.23m/s，其余岩层下沉速度均在 0.1m/s 以下。此时的"采场结构"动载源包括岩层自身的断裂动载及岩层高速下沉与下方岩层的碰撞动载。该时期的岩层运动多集中在煤层近场范围内，此阶段产生的动载较为频繁，且传递至煤层的能量较多，属于侧向"小周期"显现阶段。

（2）如图 3-11（b）所示，随着采后时间的延长，上位岩层开始运动，上位岩层的下沉速度逐步加大，最大速度为 0.12m/s，而下位岩层的下沉速度开始减缓，甚至出现相对稳定状态。此阶段产生的动载多来源于砌体梁的破断，能量级别一般较高，属于侧向"大周期"显现阶段。

（3）如图 3-11（c）、（d）所示，当计算时步大于 4.0×10^5 步时，各岩层的下沉速度均降低至 0.003m/s 以下，No.1 关键层靠近采空区边缘区域由于有悬顶的存在，因此整个模型中上述区域的下沉依然存在，但速度非常小，整个模型处于相对平衡状态。

（4）由于关键层下方采空区的存在及采空区两端煤体的支承作用，各岩层下沉速度从曲线来看呈现明显的"下尖点"分布特征，而最大冲击速度在X轴方向位于276m位置，靠近下区段工作面煤柱，因此该时间段是冲击载荷作用于煤柱及下区段工作面巷道的关键时期，该阶段容易出现煤炮频繁、局部支护失效、巷道变形加速等现象。因此，在上述阶段之前应在下区段工作面煤柱及巷道内采取加强支护、预卸压等措施，减少动载对巷道的影响。

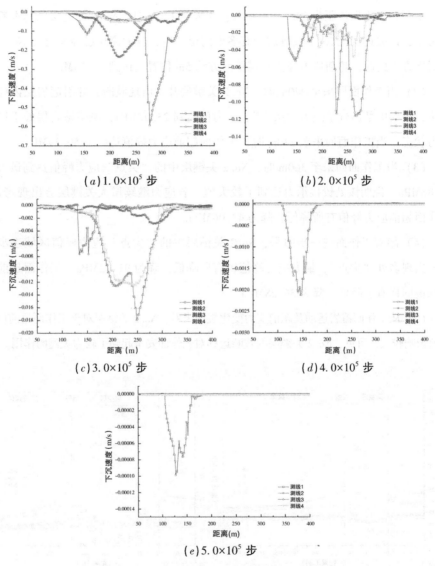

图 3-11　侧向采空模型不同时步各测线岩层下沉速度

3.4.2 工作面回采覆岩结构演化规律

模拟工作面回采500m，每计算周期按照10m、20m、30m进行回采，探究不同回采速度下的顶板覆岩结构响应规律及应力场演化特征。

3.4.2.1 回采速度10m/周期

每计算周期回采速度为10m时，各测线支承应力分布规律如图3-12所示。

从各测线处岩层内垂直应力分布及覆岩运动规律来看，主要有如下几个方面特征：

（1）当工作面回采至60m时，No.1关键层开始出现破断，此时与现场观测到的基本顶初次来压步距为62m基本吻合；回采至120m时，No.1关键层已基本断裂并垮落，该关键层至No.2关键层处有多处离层产生，较大离层已经发育至No.2关键层下方。此时，超前应力峰值在煤壁前方约5m位置，达到30.13MPa。

（2）当工作面回采至240m时，No.2关键层开始出现破断，并引起岩层内应力变化，岩层中部出现了应力"尖点"，应力值达到23.07MPa，说明该岩层处于铰接承力状态。当工作面回采至240m时，工作面超前应力峰值达到了50.39MPa。

（3）当工作面回采至360m时，No.2关键层中的"尖点"应力峰值达到最大值97.86MPa，说明该处铰接承力达到了较大值，若应力继续增大关键层会出现垮落。工作面超前应力峰值有所降低，降为43.06MPa。

（4）随着工作面进一步回采，No.2关键层中的"尖点"应力峰值区域逐步增加，出现多处"尖点"，最大应力峰值也有所降低，降为91.02MPa。工作面超前应力峰值同样有所降低，降为36.28MPa。

（5）从工作面覆岩运动及超前应力变化规律来看，No.2关键层对于工作面超前应力峰值影响较大，可见，No.2关键层的破断运移对工作面安全起到了较为关键的作用。

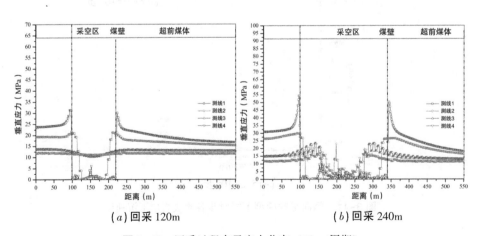

（a）回采120m   （b）回采240m

图3-12 回采过程支承应力分布（10m/周期）

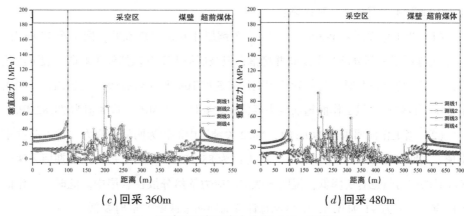

(c) 回采 360m   (d) 回采 480m

图 3-12   回采过程支承应力分布（10m/周期）（续）

3.4.2.2   回采速度 20m/周期

每计算周期回采速度为 20m 时，各测线支承应力分布规律如图 3-13 所示。

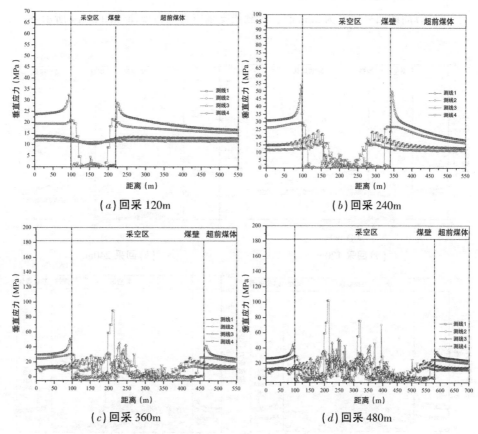

(a) 回采 120m   (b) 回采 240m

(c) 回采 360m   (d) 回采 480m

图 3-13   回采过程支承应力分布（20m/周期）

根据各测线处岩层内垂直应力分布及覆岩运动规律分析，与每计算周期回采速度为 10m 时主要有如下几项区别：

（1）当工作面回采至 80m 时，No.1 关键层才开始出现破断，回采至 120m 时，No.1 关键层下半部分已基本断裂并垮落，但该层最上部分依然处于弯曲断裂下沉状态，未完全垮落，此时，与每计算周期回采速度 10m 相比要有较大的悬顶，且初次来压步距也较长。但工作面超前应力峰值相比要低 1.31MPa，最大值为 28.82MPa。

（2）当工作面回采至 240m 时，No.2 关键层中部较为明显的应力"尖点"并未出现，当回采至 360m 时，"尖点"应力值为 88.53MPa，相比每计算周期回采速度 10m 时的应力值也有所降低，说明未增加的应力依然分散在岩层中。此时，工作面超前应力峰值为 42.94MPa，依然比每计算周期回采速度 10m 时要低。

（3）当工作面回采至 480m 时，No.2 关键层中的"尖点"应力达到了 101.9MPa，相比每计算周期回采速度 10m 时的应力增加了 10.88MPa，说明覆岩运动受回采速度影响较大，在相同回采进尺下，回采速度越快，顶板运移变化越慢。

3.4.2.3　回采速度 30m/周期

每计算周期回采速度为 30m 时，各测线支承应力分布规律如图 3-14 所示。

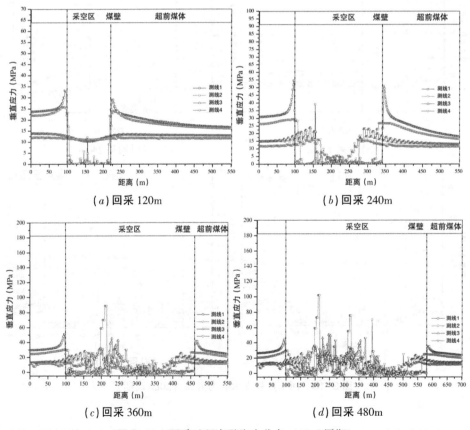

图 3-14　回采过程支承应力分布（30m/周期）

根据各测线处岩层内垂直应力分布及覆岩运动规律分析，与低速回采相比主要有如下几项区别：

（1）当工作面回采至 120m 时，与每计算周期回采速度为 20m 时相似，No.1 关键层下半部分已基本断裂并垮落，但该层最上部分依然处于弯曲断裂下沉状态，未完全垮落，此时，测线 1 工作面中部区域"尖点"应力达到 12.12MPa，相比低速回采时该处应力值明显增大，工作面超前应力峰值最大值为 28.97MPa。

（2）当工作面回采至 360m 时，No.2 关键层内"尖点"应力值为 75.57MPa，相比每计算周期回采速度 20m 时的应力值也有所降低，说明该层在高速回采状态下，并未完全垮断，随着回采速度的增加该层悬顶面积逐步增大。

（3）由于煤层高度在 5m 左右，因此在模型开挖中，No.3、No.4 关键层出现了一定程度的破断，但并不明显，多数情况为弯曲下沉状态，如模型开挖至 360m 与480m 时各测线支承应力分布状态。

（4）当工作面回采至 480m 时，No.2 关键层中的"尖点"应力达到了 83.75MPa，虽然相比每计算周期回采速度 20m 时的应力峰值有所降低，但测线 3 与测线 4 处的应力增加明显，说明回采速度对于覆岩运动状态影响较大。

（5）随着回采速度的增加，近场覆岩传导至工作面处的应力会有所降低，但随着高位顶板悬顶面积的增加，关键层突然断裂时的动载会持续增加，叠加工作面超前静载，极易超出煤体承压极限，诱发工作面超前范围内冲击显现。

3.5　采空残留悬顶采场结构演化特征分析

煤柱两侧工作面回采结束后，煤柱呈现出孤岛状态，煤柱与覆岩共同形成采空残留悬顶采场结构。随着 3102 工作面回采，遗留煤柱的存在是否会影响采场结构的演化？演化过程中覆岩及煤柱内应力如何变化？上述问题需要在研究中进行探索和解答。本节将依托 UDEC 模型，对煤柱两侧工作面进行回采，探究计算时步与采空残留悬顶采场结构中采场结构演化及覆岩、煤柱应力场变化规律。

3.5.1　关键层结构破断垂直应力分布

顺序开挖 3102 巷道、3101 工作面，形成侧向采空状态，运行 5.0×10^5 步后，开挖 3102 工作面，再次运行 5.0×10^5 步，形成如图 3-15 所示采空残留悬顶采场结构模型状态。

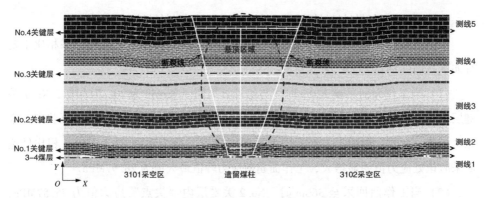

图3-15 采空残留悬顶采场结构模型状态

图3-16所示为采空残留悬顶采场结构模型覆岩内各测线位置垂直应力分布特征曲线。

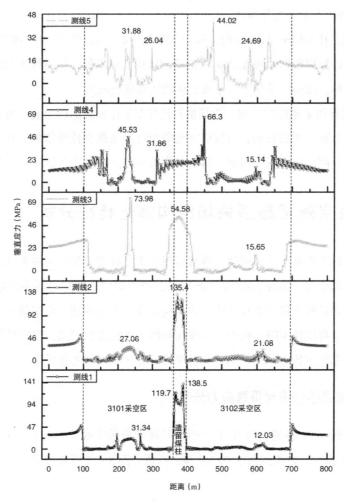

图3-16 采空残留悬顶采场结构模型覆岩内各测线位置垂直应力分布特征曲线

从图 3-16 可以看出：

（1）由于 3101 工作面采后时间较长，因此 3101 采空区内压实段发育范围较大。测线 1 应力分布显示，3101 采空区内压实段最大应力为 31.34MPa，而 3102 采空区内压实段最大应力为 12.03MPa；遗留煤柱内应力普遍较高，最大应力出现在 3102 采空区侧，达到 138.5MPa，而 3101 采空区侧最大应力则相对较低，为 119.7MPa。

（2）测线 2 位置处 No.1 关键层遗留煤柱范围内应力较高，达到 135.4MPa，而煤柱两侧应力则相对较低，说明该层关键层多数应力均集中在了遗留煤柱上。

（3）测线 3 位置处 No.2 关键层采空区范围内的垂直应力出现了"尖点"应力，应力最大值出现在 3101 采空区范围内，达到 73.98MPa，由于采后时间短，3102 采空区尖点应力相对较低，为 15.65MPa。遗留煤柱范围内最大应为 54.58MPa，且应力增加范围有所增大，达到 82m，说明 No.2 关键层部分应力在岩层内进行了传递，并未完全压覆在煤柱上方。

（4）测线 4 位置处 No.3 关键层与测线 5 位置处 No.4 关键层内应力突变点已远离采空区与遗留煤柱边缘线，岩层内应力传递效应更加明显，应力峰值多出现在断裂线附近，且最大应力均出现在 3102 工作面断裂线处。

总体来看，随着岩层层位的上移，岩层破断后对下部煤体的作用力逐步减小，岩层内部的应力也在降低，而且煤柱对于上覆岩层的支承范围随着岩层的上移而扩大，与断裂线分布规律基本吻合。

3.5.2　不同时步模型应力状态

回采 3101 工作面，并运行 5.0×10^5 步，然后开挖 3102 工作面，每计算周期为 1.0×10^5 步，对采空残留悬顶采场结构模型采用分步计算方法来模拟采后不同时间的煤柱状态。分析不同计算时步下煤层处"测线 1"应力分布规律，共运行 5.0×10^5 步，如图 3-17 所示。

从图 3-17 可以看出：

（1）不同计算时步下煤柱内出现两个较明显的应力峰值，且应力值在不断调整，说明采空区形成后结构在不断演化过程中应力分布得到重构，煤柱应力出现集中，集中范围多分布在煤柱靠近采空区侧。

（2）煤柱两侧采空区形成后随着时间的延长，煤柱两侧的上覆岩层出现了明显的断裂线，说明 35m 煤柱具有一定的支承能力，属于承压煤柱类型，煤柱在采空区内的残留使采空区内的"煤柱-覆岩"形态出现了明显的双侧悬顶结构。

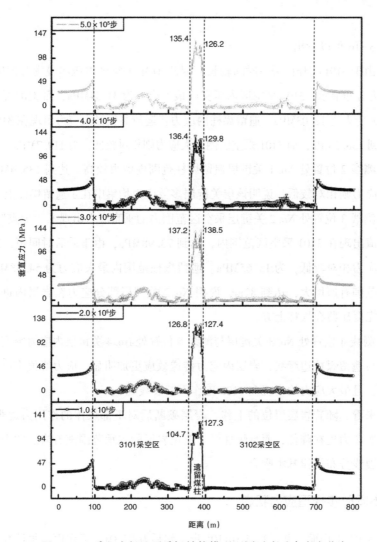

图 3-17 采空残留悬顶采场结构模型不同时步垂直应力分布

（3）在 3102 采空区初步形成时，由于低位关键层的破断，使煤柱内靠近 3102 采空区侧应力峰值高于 3101 采空区侧，说明此时 3102 采空区侧煤柱较容易出现失稳破坏，产生煤体破裂动载，而此时工作面就在该区域不远处，若动载扰动叠加工作面前方的高静载应力就会诱发超前工作面冲击显现。

（4）随着计算时步的增加，受两侧采空区覆岩结构影响，煤柱内应力分布出现了变化，在 2.0×10^5 步时，煤柱内两个应力峰值开始接近，在 3.0×10^5 步时，随着上覆岩层的断裂运移，煤柱内两个应力峰值均出现较大范围增长，增加幅度最大达到 8.7%，随后 3102 采空区侧煤柱内应力峰值出现降低，说明可以通过人工顶板爆破措施来提前破断采空区侧顶板，使采空残留悬顶采场结构形成后尽快实现平衡，从而减少煤柱反复加卸载易出现失稳的情况发生。

（5）从煤柱内应力分布状态来看，各计算时步均出现了类似"拱形"的分布状态，而"拱形"分布状态是煤柱失稳的重要特征之一，说明采空区遗留煤柱处于失稳破坏阶段，遗留煤柱的失稳往往会引起顶板运动，此时，煤柱失稳和顶板破断所产生的集中动载传递至工作面超前静载应力集中区域内后易诱发冲击显现。

3.5.3　不同时步岩层下沉速度

从 $1.0×10^5$ 到 $5.0×10^5$ 计算时步下，不同测线处岩层下沉速度如图 3-18 所示。

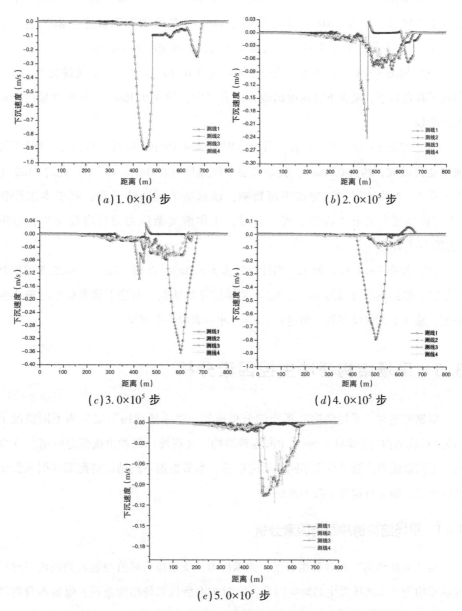

$(a)1.0×10^5$ 步　　　　　　　　　　$(b)2.0×10^5$ 步

$(c)3.0×10^5$ 步　　　　　　　　　　$(d)4.0×10^5$ 步

$(e)5.0×10^5$ 步

图 3-18　采空残留悬顶采场结构模型不同时步各测线岩层下沉速度

从模型各测线处下沉速度曲线及云图来看，在3102工作面回采后，采空残留悬顶采场结构开始形成，在不同时间煤柱及覆岩运动均有所变化。

（1）如图3-18（a）所示，3102工作面回采后，煤层上方的顶板岩层开始加速下沉，此时的最大下沉出现在3102采空区距煤柱50m左右的位置，最大下沉速度达到0.91m/s，其余距煤层较远的岩层则相对稳定，3101采空区受回采扰动，低位岩层下沉速度略有波动，但不明显。

（2）如图3-18（b）所示，计算时步为2.0×10^5步时，煤层近场顶板岩层下沉速度下降明显，但在3102采空区距煤柱60m左右的位置下沉速度依然达到了0.24m/s；此阶段，No.2关键层开始加速下沉，下沉速度为0.085m/s。

（3）如图3-18（c）所示，当计算时步为3.0×10^5步时，No.2关键层下沉速度超过了其余岩层，最大下沉速度出现在该岩层中，约为0.36m/s，说明该层已开始加速断裂。

（4）如图3-18（d）所示，当计算时步为4.0×10^5步时，No.2关键层下沉速度达到最大，约为0.8m/s，其余岩层下沉速度均在0.1m/s以下，此时3102工作面受No.2关键层加速冲击下沉影响，动载应力进一步升高，属于本工作面"大周期显现"甚至"特殊显现"阶段，工作面支架压力容易出现突然大范围"台阶"上升。

（5）如图3-18（e）所示，当计算时步为5.0×10^5步时，No.1、No.2关键层基本稳定，但距煤层较远的No.3、No.4关键层开始活跃，但受下部离层空间较小的限制，总体下沉速度多数不超过0.1m/s，冲击影响并不明显。

3.6 采场结构诱冲主控因素分析

根据前述对"采场结构"形态的分析可知，"采场结构"定义为不同情况下"冲击承载结构"（煤柱）和"冲击施载结构"（顶板）两种组成部分的搭配和排列。不同搭配形式会呈现出不同的结构形态，本节根据不同结构搭配形式引入数值模拟正交试验进行诱冲主控因素研究。

3.6.1 采场结构诱冲影响因素分析

在"采场结构"的各种组合下，支承应力、支承应力峰值与巷道的距离、动载扰动等均为冲击地压发生的影响因素。针对本书所提采场结构来说，煤岩本身物理力学性质、关键岩层层位、煤柱尺寸等会影响到采场结构应力场的分布规律，因此，上述参数对冲击地压发生具有较大影响；验证这些影响因素中的主控排序，探究煤岩本身物理力学性质、关键岩层层位、煤柱尺寸等的改变对"采场结构"的诱冲作用关系，是本节所要解决的问题。

本次正交试验以煤体参数、煤柱尺寸、关键层岩性、关键层至煤层距离为可变因素。因承载介质多为煤体，因此，以煤柱应力峰值、煤柱应力峰值位置（距巷道）、实体煤侧应力峰值、实体煤侧应力峰值位置（距巷道）为主要考察指标。

表3-2所示为确定的各因素水平表。一般情况下4因素3水平正交试验要求试验次数不少于9次，因此，本次试验采用L9（3⁴）正交设计，如表3-3所示。

正交试验因素水平表　　　　　　　　　　　　表3-2

水平	因素			
	A	B	C	D
	煤体参数	煤柱尺寸（m）	关键层岩性	关键层至煤层距离（m）
1	1号	5	细砂岩	20
2	2号	20	中砂岩	50
3	3号	35	粗砂岩	80

正交试验设计表L9（3⁴）　　　　　　　　　　表3-3

试验方案	因素			
	A	B	C	D
	煤体参数	煤柱尺寸（m）	关键层岩性	关键层至煤层距离（m）
T1	3号	20	粗砂岩	20
T2	3号	35	细砂岩	50
T3	2号	5	粗砂岩	50
T4	2号	35	中砂岩	20
T5	2号	20	细砂岩	80
T6	1号	35	粗砂岩	80
T7	1号	5	细砂岩	20
T8	3号	5	中砂岩	80
T9	1号	20	中砂岩	50

3.6.2 正交试验结果分析

应力的分布与积聚对于采场冲击地压发生具有重要意义，在"采场结构"中巷道为主要保护对象，而煤体又为"采场结构"中的"冲击承载结构"，因此，对于巷道近场范围内的应力环境的变化规律分析可以为结构冲击地压发生可能性提供依据。各试验方案应力分布云图如图3-19所示。

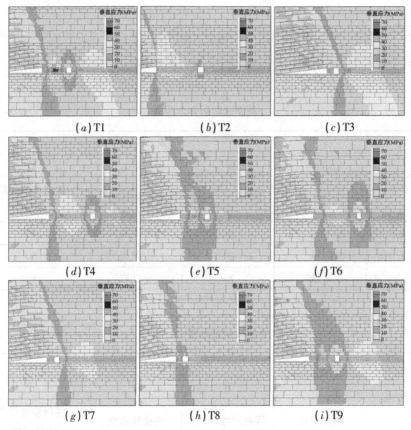

图3-19　不同试验方案应力分布云图

各试验方案煤体内垂直应力分布曲线如图3-20所示。

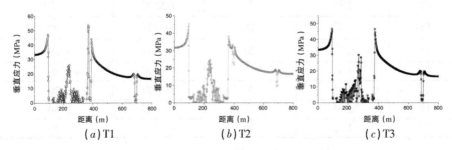

图3-20　不同试验方案煤体内垂直应力分布曲线

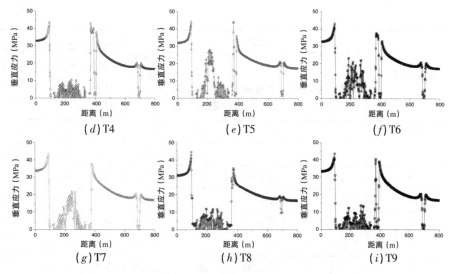

图 3-20   不同试验方案煤体内垂直应力分布曲线（续）

从图 3-20 可以看出，不同试验方案下采空区两侧均存在较为明显的应力集中现象，但不同试验方案峰值位置及峰值大小各不相同，总体来看，相对其他参数煤柱尺寸对巷道附近应力环境的影响较大，随着煤柱尺寸的减小，沿空巷道附近应力峰值存在明显降低。

因正交试验每种试验方案均有不同因素的改变，为了分析各因素对于巷道附近应力环境的影响程度，引入正交试验直观分析法对各因素的影响程度进行研究。

通过数值模拟正交试验得到各试验方案的煤柱应力峰值、煤柱应力峰值位置、实体煤侧应力峰值、实体煤侧应力峰值位置四项主要考察指标的具体数值，并对相关数据进行了直观性分析，如表 3-4 所示。

表 3-4 中 K_i（$i=1$，2，3）表示 i 水平所对应的结果平均值。表中曲线图为四项不同考察指标下的指标-因素图，从图中可以直观看出各因素对于考察指标的影响程度。

正交试验结果分析   表 3-4

试验方案	因素				煤柱应力峰值（MPa）	煤柱应力峰值位置（m）	实体煤侧应力峰值（MPa）	实体煤侧应力峰值位置（m）
	A	B	C	D				
	煤体参数	煤柱尺寸(m)	关键层岩性	关键层至煤层距离(m)				
T1	3号	20	粗砂岩	20	53.26	10.0	40.66	7.5

| 试验方案 | | 因素 | | | 煤柱应力峰值（MPa） | 煤柱应力峰值位置（m） | 实体煤侧应力峰值（MPa） | 实体煤侧应力峰值位置（m） |
	A 煤体参数	B 煤柱尺寸(m)	C 关键层岩性	D 关键层至煤层距离(m)				
T2	3号	35	细砂岩	50	38.01	31.0	31.84	5.5
T3	2号	5	粗砂岩	50	5.04	3.5	46.32	6.5
T4	2号	35	中砂岩	20	42.85	25.5	36.85	8.5
T5	2号	20	细砂岩	80	43.75	8.5	35.67	6.5
T6	1号	35	粗砂岩	80	37.50	21.5	32.69	9.5
T7	1号	5	细砂岩	20	2.56	3.0	37.41	9.5
T8	3号	5	中砂岩	80	29.50	3.5	35.27	3.5
T9	1号	20	中砂岩	50	40.31	8.5	38.95	9.5

煤柱应力峰值（MPa）	K_1	26.79	12.37	28.11	32.89	
	K_2	30.55	45.77	37.55	27.79	
	K_3	40.26	39.45	31.93	36.92	
	极差	13.47	33.40	9.44	9.13	

煤柱应力峰值位置（m）	K_1	11.00	3.33	14.17	12.83	
	K_2	12.50	9.00	12.50	18.67	
	K_3	14.83	26.00	11.67	11.17	
	极差	3.83	22.67	2.50	7.50	

实体煤侧应力峰值（MPa）	K_1	36.35	39.67	34.97	38.31	
	K_2	39.61	38.43	37.02	39.04	
	K_3	35.92	33.79	39.89	34.54	
	极差	3.69	5.88	4.92	4.50	

实体煤侧应力峰值位置（m）	K_1	9.50	6.50	7.17	8.50	
	K_2	7.17	7.83	7.17	7.17	
	K_3	5.50	7.83	7.83	6.50	
	极差	4.00	1.33	0.66	2.00	

通过对表中试验结果及极差值分析可以得出，各因素对煤柱应力峰值影响程度顺序为 B-A-C-D，即：煤柱尺寸>煤体参数>关键层岩性>关键层至煤层距离；各因素对煤柱应力峰值位置（距巷道）影响程度顺序为 B-D-A-C，即：煤柱尺寸>关键层至煤层距离>煤体参数>关键层岩性；各因素对实体煤侧应力峰值影响程度顺序为 B-C-D-A，即：煤柱尺寸>关键层岩性>关键层至煤层距离>煤体参

数；各因素对实体煤侧应力峰值位置（距巷道）影响程度顺序为 A-D-B-C，即：煤体参数>关键层至煤层距离>煤柱尺寸>关键层岩性。从上述试验结果可以得出如下结论：

（1）四项主要考察指标中，煤柱尺寸因素占到了 3 次第一位主控作用，说明煤柱尺寸可以直接影响到沿空巷道的应力环境，对于沿空巷道冲击安全起到了主控因素作用。因此，在采场设计中应首先考虑煤柱尺寸问题，一般来说，煤柱的宽高比为 5~10 时，对改善巷道的应力环境极为不利。若煤柱尺寸偏大，则煤柱内会存在不稳定的弹性核，容易导致煤柱不能顺利进入屈服状态，不利于顶板的垮落。若煤柱尺寸过小，则不利于采空区安全管理、巷道支护质量控制和巷道内人员设备安全。从本次数值模拟结果来看，煤柱尺寸在 5m 时可以实现巷道低应力区域布置，满足巷道防冲需求。

（2）四项主要考察指标中，煤体参数占到了 1 次第一位主控作用，1 次第二位主控作用，1 次第三位主控作用，1 次第四位主控作用，说明煤体参数仅次于煤柱尺寸，对沿空巷道冲击安全起到了第二位主控因素作用。煤体既是作用因素，也是冲击承载体。通过试验还可以看出，在其他参数相同的条件下煤体越软，其承载能力越弱，巷道围岩内应力环境也就越低。

（3）四项主要考察指标中，关键层至煤层距离占到了 2 次第二位主控作用，1 次第三位主控作用，1 次第四位主控作用，说明关键层至煤层距离对沿空巷道冲击安全起到了第三位主控因素作用。关键层距煤层的层位对巷道冲击安全也起到了重要作用，本次试验主要为静态应力模拟，因此对于关键层破断诱发动载的情况考虑并不多，若考虑到关键层破断运移所产生动载的话，关键层至煤层距离将起到更为重要的主控作用。

（4）四项主要考察指标中，关键层岩性占到了 1 次第二位主控作用，1 次第三位主控作用，2 次第四位主控作用，说明关键层岩性对沿空巷道冲击安全起到了第四位主控因素作用。

（5）虽然煤柱尺寸是影响沿空巷道的主控因素，但对于已经形成的采场，由于经济和接续等各方面影响，一般情况下无法改变采场布置，由于煤体内的应力主要来源于上覆岩层结构的压覆传导，所以就需要针对上覆岩层的力源采取处理措施，使煤柱尺寸的主控影响降低，从而改善巷道附近应力环境。

3.7 小结

本章基于理论分析与离散元数值模拟方法对"采场结构"不同条件下的结构状

态演化及应力场分布特征等进行了研究，并通过正交试验方法探讨了"采场结构"不同搭配和排列条件下的诱冲主控因素，并结合采场结构的分类开展了诱冲机理的理论分析，主要结论如下：

（1）结构的冲击基本力源分为了"结构平衡静载荷"与"结构失稳动载荷"，两种载荷的叠加对整个系统结构起到了关键诱冲作用。"冲击施载结构"是"结构失稳动载荷"的主要来源，依据"冲击施载结构"破断运动过程，在时间尺度上将动载产生分为了三个阶段，并对各阶段动载能量进行了推导。

（2）根据理论模型分析可知，若要降低煤柱失稳破坏，应首先对顶板结构进行处理，处理措施主要为顶板结构的弱化，如顶板深孔爆破；在顶板处理基础上再针对煤层进行处理，处理措施主要包括加强支护、增加弹性核区的承载能力以及合理卸压。

（3）采空区范围内较明显地分为了悬顶段与压实段，悬顶的存在是造成下区段煤柱及巷道内应力集中的重要原因之一。采空区形成后随着时间的推移，上覆岩层出现了断裂重构，垮落矸石受上覆断裂弯曲岩层压覆作用呈现"尖点"应力分布特征，随着采后时间的延长，堆积矸石中"尖点"应力逐步增加，说明采后上覆岩层活跃运移现象的存在。煤柱内应力集中区域多集中在距采空区边缘 5~12m 范围内，最大值出现在距采空区边缘 8m 位置。

（4）岩层的下沉速度表示了岩层破断时的冲击速度，表征了岩层在某时刻的活跃程度，侧向工作面回采后，由于下赋采空区的存在，低位岩层具有了较高的下沉冲击速度，此时 No.1 关键层对于工作面"小周期"显现具有重要影响。回采速度越快，顶板运移变化越慢，在高速回采状态下，关键层不能完全垮断，悬顶面积增大，随着高位顶板悬顶面积的增加，关键层突然断裂时的动载会持续增加，叠加工作面超前静载，极易超出煤体承压极限，诱发工作面超前范围内冲击显现。

（5）从煤柱内应力分布状态来看，各计算时步煤柱内出现的类似"拱形"分布状态是煤柱失稳的重要特征之一，说明采空区遗留煤柱已处于失稳破坏阶段。

（6）当计算时步为 4.0×10^5 步时，No.2 关键层下沉速度达到最大，约为 0.8m/s，其余岩层下沉速度均在 0.1m/s 以下，此时受 3102 工作面 No.2 关键层加速冲击下沉影响，动载应力进一步升高，属于本工作面"大周期显现"甚至"特殊显现"阶段，工作面支架压力容易出现突然大范围"台阶"上升。No.2 关键层的破断持续时间较长，破断时的下沉速度也相对较快，说明该关键层对于工作面安全具有重要影响。

（7）通过正交试验研究发现，煤柱尺寸可以直接影响到沿空巷道的应力环境，对于沿空巷道冲击安全起到了主控因素作用，但对于已经形成的采场，由于经济和接续等各方面影响，一般情况下无法改变采场布置，由于煤体内的应力主要来源于上覆岩层结构的压覆传导，所以就需要采取一定的顶板处理措施，降低煤柱尺寸的主控影响，从而实现巷道附近应力环境的改善。

4

承压岩体爆破诱能降载
试验研究

4.1　引言

第 2 章基于呼吉尔特矿区 3-1 煤层地质条件及采场布置形式，定义了"采场结构"及结构内两种组成——"冲击承载结构"与"冲击施载结构"，并对采场结构的冲击显现特征进行了分析。第 3 章针对采场结构的诱冲机理开展了研究，并得到了不同条件下的采场结构演化与应力分布规律。

两种"结构"本身的静载荷会在某些区域出现集中状态，受动载荷叠加影响极易诱发冲击地压，而冲击地压的发生必须要满足强度条件、能量条件和煤岩体具有冲击倾向三个条件。冲击地压防治技术研究的最终目的就是有效防止冲击地压的发生或将冲击危害程度降到最低，对已经受生产布局等影响出现冲击危险的采场，如何从根本上改变煤岩体受力环境，将是冲击地压防治的重点研究内容。目前针对"坚硬顶板-不合理煤柱"等采取的控制方法主要有卸压爆破、注水软化、大直径钻孔等。其中煤岩内部爆破是冲击地压的一种有效防治措施，该方法可以破坏煤岩体物理结构，使围岩应力高峰向深部转移，转换消耗弹性能，从而使煤岩体在强度和能量方面均达不到冲击地压诱发条件，有效避免冲击地压发生。

前述章节中"采场结构"的基本组分为煤岩介质，而爆破对应力集中条件下的煤岩介质有何作用？为何爆破会在煤岩内部产生应力降低并引发储能释放？针对上述问题开展试验研究及理论分析对于冲击地压防治具有实际意义。鉴于此，本章将引入三轴承压状态试样爆破试验方法，对承压状态煤岩体的爆破诱能机理进行研究，并基于三轴应力加载与声发射监测技术来探索爆破诱能的本质特性。

4.2　三轴承压状态岩体爆破诱能降载试验方案设计

4.2.1　试验目的与内容

井下深孔爆破所承载的煤岩体多处于三向应力状态，而冲击临界状态下煤岩体的受载失稳是冲击显现的重要原因之一。卸压爆破的重要作用就是将高应力环境下煤岩体所积聚的弹性能进行人工控制性释放，从而起到诱能降载的效果。基于此，本试验以门克庆煤矿 3-1 煤层顶板砂岩为研究对象，使用三轴试验装置开展承压状态内置爆破试验，研究其在应力环境下的爆破诱能形式及降载机理，具体分析加载过程中煤岩试样声发射特征及应力-时间曲线；爆破过程中及爆破后的声发射演化特征，并对声发射数据进行归类处理，探测煤体内部损伤发育和能量演化规律，为研究采场各应力状态下岩石试样损伤机理、高压爆破条件下岩体能量释放路径及裂隙演化规律提供理论依据。

4.2.2　试验方案

4.2.2.1　试样制备

为了尽量减小试样的差异性，按照《煤和岩石物理力学性质测定方法 第1部分：采样一般规定》GB/T 23561.1—2009 的要求，现场采集完整性较好、无明显裂隙的岩石，加工成70mm×70mm×70mm的立方体。试样加工时，确保试样端面的平整度小于0.1mm，端面平行度小于0.05mm。加工数量：顶板砂岩试样15块。砂岩试样的具体参数如表4-1所示。

不同加卸载路径下砂岩试样的试验参数　　　　　表4-1

试样编号	试样尺寸(mm)			质量(g)	波速 C (m/s)
	长	宽	高		
TY1	70.12	70.05	69.93	869.5	1675.52
TY2	70.52	69.79	70.06	865.6	1713.98
TY3	71.03	71.01	69.80	871.5	1618.81
TY4	69.59	70.84	70.15	865.6	1782.36
TY5	70.69	70.71	70.69	869.2	1762.35
TY6	71.66	70.03	69.82	874.2	1698.69
TY7	69.23	70.71	70.62	856.8	1750.38
TY8	70.71	70.87	69.23	868.5	1769.58
TY9	69.43	70.02	70.71	857.2	1698.56
TY10	69.89	70.71	69.33	852.6	1723.39
TY11	70.03	69.26	69.87	853.2	1605.26
TY12	70.01	69.25	70.91	862.1	1689.23
TY13	69.23	70.71	69.26	860.3	1670.49
TY14	70.25	69.29	70.06	863.6	1706.54
TY15	70.73	70.08	70.26	870.2	1698.52

通过声波测试，各试样波速范围为1605.26~1782.36m/s，平均波速为1704.24m/s，

波速与相关文献中所述沉积岩石纵波波速范围为 1300~4800m/s 相吻合，波速平均差为 37.18m/s，说明各试样均值度较好。

4.2.2.2 试验设计

本次试验采用 MTS 试验机及自制三轴加载装置与声发射监测设备，主要对三轴承压环境下砂岩试样内置爆破开展声发射-应力-时间等数据的记录分析，得到承压环境下砂岩试样的爆破诱能降载规律。

试验系统及配套设备的主要性能指标如下：

（1）试验装置主要性能指标

1）试验装置硬度大于 HRC58，两夹板间不平行度小于 0.02mm。

2）加载系统：垂直方向由 MTS 独立电液伺服控制，具有力控制和位移控制两种加卸载方式，最大可施加压力为 1000kN，剩余两个方向的最大可施加压力分别为 500kN 和 300kN。

3）测量精度：0.01kN。

4）采样频率：数据采集频率为 10 次/s。

（2）声发射仪主要性能指标

1）通道数：8 通道。

2）采样频率：10MSPS。

由于该试验是探索三轴承压状态岩样爆破诱能机理，对加载路径并无特殊要求，且由于所用试样采集自门克庆煤矿，因此，基于矿区原岩应力测试结果设计初始加载。以 TK-2 测点采前应力为加载基础依据，鉴于设备因素及加载控制便捷性，进行加载值的四舍五入取整操作，最大主应力取值为 18MPa。因为该试验主要研究岩样高压临界冲击状态下的爆破诱能效应，而柱状装药方向的不同也可能对爆破卸载效果产生影响，因此，该试验中还将考虑加卸载方向与柱状装药方向的关系。鉴于试样尺寸较小，不耦合系数、定向装药等在此不做考虑，试验设计为耦合装药，装药密度为 1.8g/cm³，该火药 TNT 当量约为 0.45。

装药量依据前期野外试验确定，试样爆破后效果如图 4-1 所示。

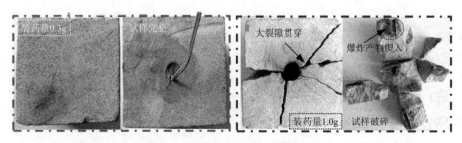

图 4-1 野外岩石试样爆破后效果

从图 4-1 可以看出，装药量为 0.3g 时，炸药爆炸未能使试样产生破裂，试样完整性较好；但装药量为 1.0g 时，试样出现了较为明显的破碎现象，崩裂的大块碎体飞溅至 5m 左右的区域。考虑到三轴状态的围压限制作用，设计装药量大于 0.3g，小于等于 1.0g。因此该试验设计装药量为 0.6g、0.8g、1.0g。

侧压力系数分别取为 2、1、0.5 三个水平，研究分别按照上述侧压力系数改变试验设备垂直应力（Z）与水平应力（X）的加载方式下的爆破诱能效应。加载应力及装药量如表 4-2 所示。

加载应力及装药量   表 4-2

试样编号	加载应力（MPa）		装药量（g）
	X	Z	
TY1	18	18	0.6
TY2	18	18	0.8
TY3	18	18	1.0
TY4	36	18	0.6
TY5	36	18	0.8
TY6	36	18	1.0
TY7	9	18	0.6
TY8	9	18	0.8
TY9	9	18	1.0
TY10	18	36	0.6
TY11	18	36	0.8
TY12	18	36	1.0
TY13	18	9	0.6
TY14	18	9	0.8
TY15	18	9	1.0

4.2.3 试验步骤

4.2.3.1 主要材料及仪器设备

（1）砂岩试样 15 块，尺寸如表 4-1 所示。

（2）游标卡尺、电子秤。

（3）电点火装置，采用 6V 直流稳压点火装置，发火时间一般为 2.5ms，用该点火装置可以瞬间引爆试样内爆炸物，如图4-2所示。

（4）黑火药若干。

（5）压力机、声发射仪、三轴试验装置。

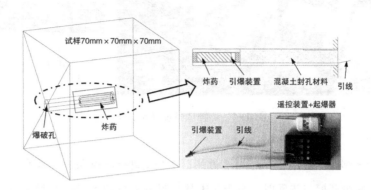

图4-2　试样装药结构及引爆装置示意图

4.2.3.2　试验程序

对加工好的试样进行编号，并对其尺寸、波速进行测量，拍照记录后，按照下列步骤进行试验：

（1）根据试验设计对试样进行装药、封孔，如图4-3所示。

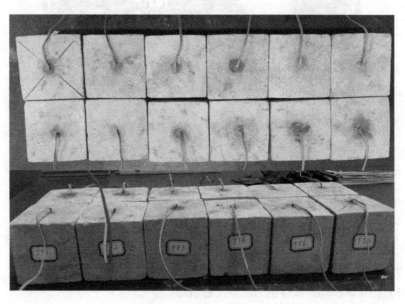

图4-3　装药后试件照片

（2）安装三轴试验装置，并进行试验前调试，如图4-4所示。

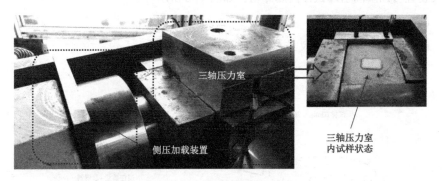

图 4-4　三轴试验装置安装图

试样各个端面均匀涂抹凡士林，并用薄橡胶皮进行隔离保护（具有一定吸波作用），尽量减少摩擦与波反射。由于凡士林会吸收大量的入射波能量，因此，在涂抹时尽量减少端面凡士林的量，保证在提高试验数据准确性的同时，减少能量的消耗。

（3）按试验设计安装试样，如图 4-5 所示。

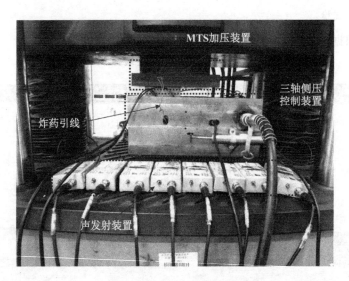

图 4-5　试验装置实物照片

（4）引爆内置爆破装置。

（5）记录试验期间试样应力、声发射信息。

（6）描述试样的内部破坏形态，并记下有关情况。

4.3 三轴承压状态岩体爆破诱能降载试验结果分析

4.3.1 相同载荷不同装药量试验结果分析

此条件下，Z 向与 X 向加载均为（18±1）MPa，装药量分别为 0.6g、0.8g、1.0g，试样编号为 TY1、TY2、TY3。

4.3.1.1 应力-声发射规律分析

对试样应力-声发射振铃计数-能量进行归类分析。图 4-6 所示为承压砂岩试样不同装药量条件下爆破前后的"时间-应力-声发射计数-声发射能量"曲线，可以得出：

（1）从"时间-应力"曲线来看，不同装药量条件下各试样爆破后均出现了应力降低现象，TY1（装药量 0.6g）最大应力降低为 3.4%，TY2（装药量 0.8g）最大应力降低为 5.7%，TY3（装药量 1.0g）最大应力降低为 21.5%，说明爆破对于承压状态下的岩石试样具有较为明显的降载效果，且随着装药量的增大，降载效果逐渐增加。

（2）从"时间-声发射计数"曲线来看，试样加压阶段声发射计数明显增加，其中，原生裂隙压密阶段，裂隙在加载条件下产生闭合诱发声发射事件，此阶段声发射事件一般较少，且声发射计数增长较为平缓；之后，试样进入弹性加载阶段，在该阶段试样声发射计数出现较为急剧的增长，"声发射计数"曲线斜率急剧增加，说明在该阶段试样受加载影响，出现了试样内应力环境的重新调整，部分裂隙重新进入了失稳扩展阶段；而当试样加载进入保压阶段后，随着三向应力的逐步稳定，声发射计数逐步恢复平稳，曲线趋于平缓，此阶段声发射数量也较少；爆破瞬间声发射计数出现了突增，累积计数增长值随装药量增加而增加，其中装药量 1.0g 条件下，累积计数瞬间增长 28.4%，说明装药量对于声发射的产生具有较为重要的影响。

（3）从"时间-声发射能量"曲线来看，在试样加载阶段，声发射能量变化与声发射计数曲线的规律性对应较好，加载阶段声发射能量较高，说明该阶段试样内应力环境在不断调整，诱发了能量的释放；保压阶段，声发射能量较为平稳，说明试样在受压之后内部已经有能量的积聚，处于储能状态；爆破瞬间声发射能量释放出现了急剧增加，分析发现能量释放量与装药量呈较明显的正比关系。爆破瞬间的能量释放说明爆破对储能状态下的岩石试样具有较好的诱能作用。

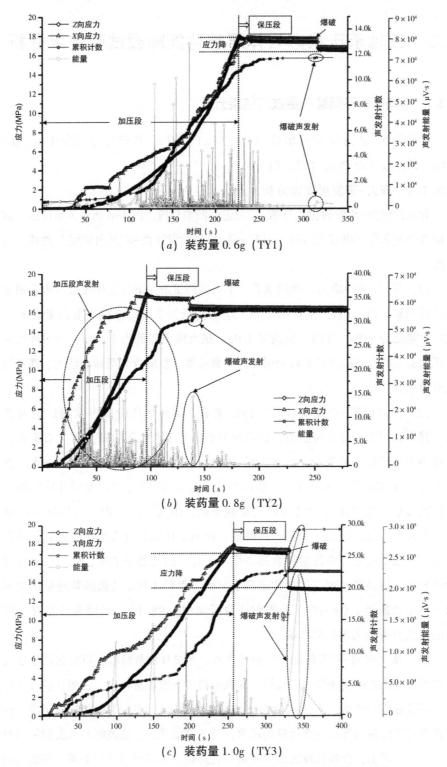

图 4-6　不同装药量"时间-应力-声发射计数-声发射能量"曲线

4.3.1.2 试样爆破前后裂隙发育状态分析

采用钻孔窥视方法对试样孔内裂隙发育进行观测，如图4-7所示。

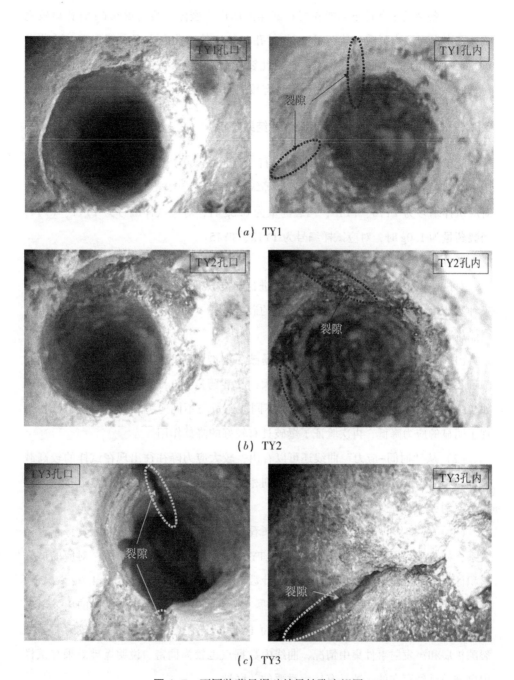

(a) TY1

(b) TY2

(c) TY3

图4-7 不同装药量爆破效果钻孔窥视图

从图4-7可以看出：

（1）由于本次试验装药量相对较少，且所用爆炸物的爆速相对较低，因此在孔内无法直观窥视到粉碎区发育情况，但在各孔内均发现有炸药反应后的残留物，说明炸药爆炸反应良好，并在爆破后产生了爆破动载和爆生气体。

（2）各装药量条件下均能在岩石试样内部产生裂隙，装药量 0.6g 时孔口较完整，孔内出现微小裂隙；装药量 0.8g 时孔口较完整，孔内出现中等裂隙；装药量 1.0g 时孔口出现贯穿裂隙，爆生气体由此裂隙内爆出，孔内出现较大裂隙。说明装药量的多少对于岩石试样的破坏作用具有较大影响。

4.3.2　相同装药量不同 Z 向载荷试验结果分析

此条件下，X 向加载（加载方向平行于钻孔）均为（18±1）MPa，Z 向加载（加载方向垂直于钻孔）主要分为两个等级：36MPa、9MPa。当装药量为 0.6g 时，对应试样编号为 TY10、TY13；当装药量为 0.8g 时，对应试样编号为 TY11、TY14；当装药量为 1.0g 时，对应试样编号为 TY12、TY15。

4.3.2.1　应力-声发射规律分析

对试样应力-声发射振铃计数-能量进行归类分析，如图 4-8~图 4-10 所示。对三种装药量条件下不同 Z 向加载环境中的砂岩试样"时间-应力-声发射计数-声发射能量"分析可知：

（1）从"时间-应力"曲线来看，爆破后的应力降低值与装药量具有相关性，随着装药量的增加，最大应力降低值增大，在装药量 1.0g 时，试样降载效果较好，如 TY12 所示，降低幅度达到 13.3%。不同装药量与不同应力环境下承压试样均出现了明显的应力降低，再次验证了爆破具有较好的降载作用。

（2）从"时间-应力"曲线还可以看出，较大应力降往往出现在试样的较高载荷方向，而较低载荷方向应力降的数值则相对较小，这说明爆破在高应力条件下往往会起到更好的降载效果。

（3）从"时间-声发射计数"曲线来看，声发射事件的集中与裂隙发育有直接关系，如 TY15 所示，在试样加载阶段，TY15 试样内部裂隙发育较少，对应的试样累积计数增量也相对较少，而最大累积计数等级不足 4k，同样装药量 1.0g 情况下，TY12 试样加载阶段出现了裂隙的活化扩展，因此，TY12 试样在该阶段的声发射事件较多，累积计数等级达到 30k 以上，而 TY12 试样在爆破时也出现了较为明显的裂隙扩展和声发射事件集中情况，曲线内数据点也较为稠密。说明爆破效果与试样内爆破前已经存在的裂隙具有较为重要的关联性。

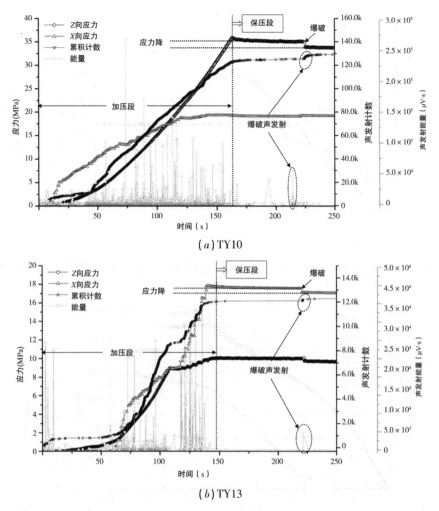

(a) TY10

(b) TY13

图 4-8　不同 Z 向加载"时间-应力-声发射计数-声发射能量"曲线（装药量 0.6g）

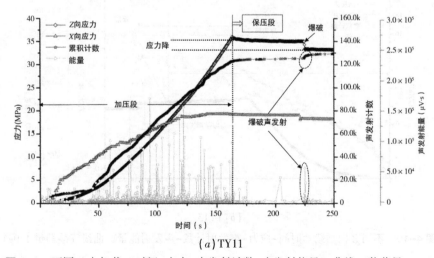

(a) TY11

图 4-9　不同 Z 向加载"时间-应力-声发射计数-声发射能量"曲线（装药量 0.8g）

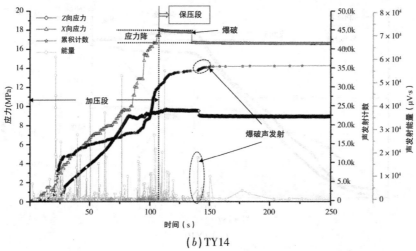

(b) TY14

图4-9 不同Z向加载"时间–应力–声发射计数–声发射能量"曲线（装药量0.8g）（续）

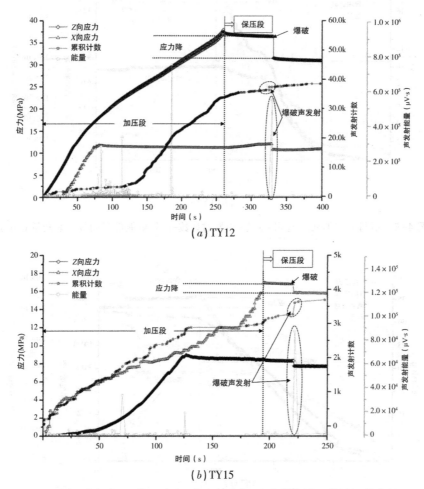

(a) TY12

(b) TY15

图4-10 不同Z向加载"时间–应力–声发射计数–声发射能量"曲线（装药量1.0g）

（4）从"时间-声发射能量"曲线来看，各加载条件下爆破时声发射能量也随着装药量的增加呈现增长趋势。能量的释放与声发射计数曲线规律性对应较好。在装药量小于等于0.8g时，相同装药量条件下，爆破时声发射能量的释放与Z向加载值具有一定的正关联性，加载值越大，能量释放量越多。而装药量1.0g条件下则呈现了相反的规律性，主要是由于高加载过程中某些试样（如TY12）出现了一定的裂隙活化和能量释放，因此在爆破时，能量释放反而有所降低。而在TY15试样中则不存在上述情况，说明试样内本身裂隙对于爆破诱能效果也具有一定的影响，虽然在高应力条件下裂隙发育试样的能量释放出现降低，但降载效果却较为明显。

4.3.2.2 试样爆破前后裂隙发育状态分析

采用钻孔窥视方法对试样孔内裂隙发育进行观测，如图4-11所示。

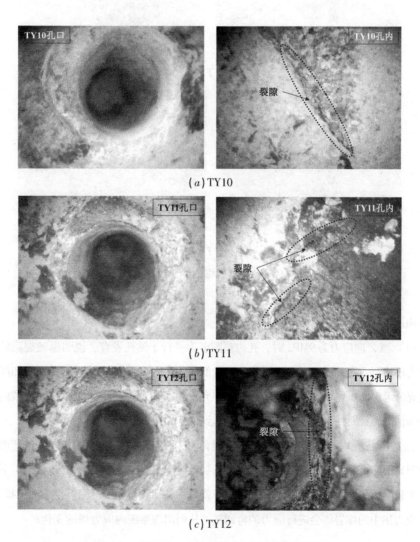

图4-11 不同Z向加载爆破效果钻孔窥视图

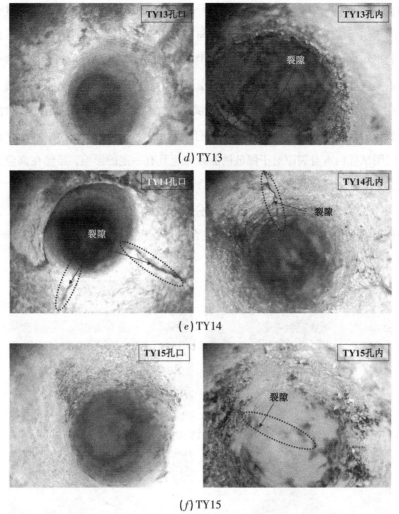

(d) TY13

(e) TY14

(f) TY15

图 4-11　不同 Z 向加载爆破效果钻孔窥视图（续）

由图 4-11 可知：

（1）当 Z 向应力为 9MPa 时，孔内裂隙多为平行于钻孔发育，说明爆破裂隙的发育与应力环境有一定关联性，主要裂隙会沿着低应力方向发育扩展，因此在现场卸压爆破时应充分考虑卸压区域主应力方向，若条件允许，应在工程开展前实测施工区域内的应力分布情况，针对性采取爆破措施，从而达到最好的爆破控制效果。

（2）TY15 孔内及孔外仅有部分微小裂隙，但在装药量 1.0g 条件下爆破依然出现了较为明显的应力降现象，因此应力降不只与裂隙发育有关，而且在爆破动载作用下依然会产生较明显的应力降现象，说明爆破本身就是一种动载荷加载过程，在该动载扰动下，静载应力集中的煤岩体会进行应力的再调整，从而出现系统内应力场的变化。

4.3.3 相同装药量不同 X 向载荷试验结果分析

此条件下，Z 向加载（加载方向垂直于钻孔）均为（18±1）MPa，X 向加载（加载方向平行于钻孔）主要分为以下两个等级：36MPa、9MPa。装药量为 0.6g 时，由于设备原因出现数据缺失，因此本书内将不作研究，仅分析 0.8g 与 1.0g 装药量条件下试样应力与声发射特征；当装药量为 0.8g 时，对应试样编号为 TY5、TY8；当装药量为 1.0g 时，对应试样编号为 TY6、TY9。

4.3.3.1 应力-声发射规律分析

对试样应力-声发射振铃计数-能量进行归类分析，如图 4-12、图 4-13 所示。对相同装药量条件下不同 X 向加载环境中的砂岩试样 "时间-应力-声发射计数-声发射能量" 分析可知：

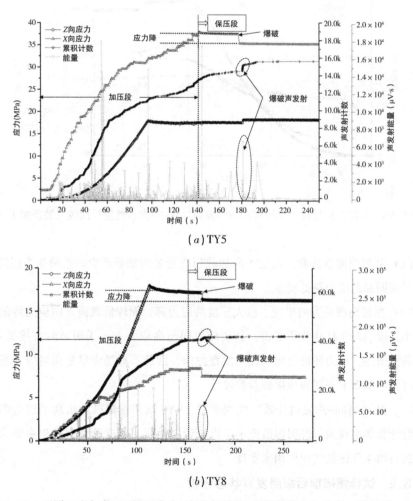

（a）TY5

（b）TY8

图 4-12 不同 X 向加载 "时间-应力-声发射计数-声发射能量" 曲线（装药量 0.8g）

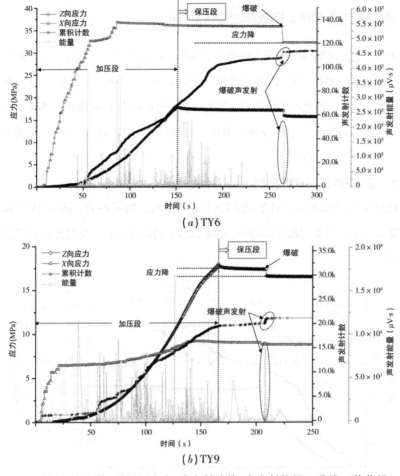

图 4-13　不同 X 向加载"时间-应力-声发射计数-声发射能量"曲线（装药量 1.0g）

（1）从数据曲线来看，改变 X 向加载与改变 Z 向加载产生的效果基本相同，均出现了较明显的应力降低现象。

（2）在较高载荷方向出现了较大程度的应力降，而较低载荷方向应力降的数值则较小，说明对于柱状装药来说，其装药方向与高应力方向无明显的直接关联性，但如前文所述，应力环境会影响裂隙发育方向，因此，现场应尽量在对应力场分布进行研究的基础上开展卸压爆破参数设计。

（3）从"时间-声发射计数"曲线来看，TY9 试样在爆破后出现了较为明显的声发射计数集中现象，说明爆破产生了直接致裂效果，而这种致裂效果主要依靠爆破动载与爆生气体的气楔作用来实现。

4.3.3.2　试样爆破前后裂隙发育状态分析

采用钻孔窥视方法对试样孔内裂隙发育进行观测，如图 4-14 所示。

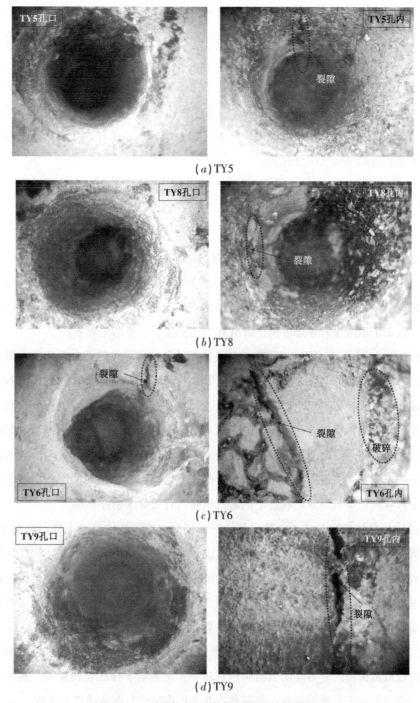

(a) TY5

(b) TY8

(c) TY6

(d) TY9

图 4-14　不同 X 向加载爆破效果钻孔窥视图

由图 4-14 可知：

（1）从 TY6 的孔底窥视结果可以看出，爆破在孔底形成了相对清晰的破碎区，但破碎区并不是严格按照圆形进行发育，而是依托主要裂隙分成了明显的两个区域，一侧破碎清晰，另一侧则无明显破碎区，此次试验除 TY6 观测到一定的破碎区外其余皆无明显破碎区，再次验证了爆炸物参数与装药量对于爆破破岩分区会产生影响。

（2）TY9 出现了裂隙贯穿，爆生气体从主要裂隙内窜出，试验现场可闻到明显的火药味道，这与"时间-声发射计数"曲线所体现的爆破后声发射的集中爆发现象相吻合。总体来看，在相对较大装药量（如 1.0g）时，试样内爆破所产生的裂隙与爆破动载值和爆生气体量有关。

4.4 小结

基于 MTS 独立电液伺服控制及配套研制的三轴加载装置，采用三轴加载应力监测、声发射监测、钻孔窥视等试验手段，开展了承压储能试样爆破诱能降载试验，具体研究了三轴承压状态岩样内置爆破作用下的应力响应、声发射响应与宏观破裂特征，探索了承压煤岩体爆破诱能降载和损伤特征，主要结论如下：

（1）在相同应力环境、不同装药量条件下的各试样爆破后均出现了应力降低现象，且随着装药量的增大，试样应力降低效果逐渐增加。而从声发射规律来看，试样三轴加载过程经历了原生裂隙压密阶段、弹性加载阶段、保压阶段三个过程，声发射计数与能量释放则分别呈现出"平缓—急剧增加—平缓"的演化过程。爆破瞬间声发射计数与声发射能量出现了瞬间增加，累积计数与能量释放量对应装药量成较明显的正比关系，说明装药量对于声发射的产生具有较为重要的影响，爆破瞬间的能量释放说明爆破对储能状态下的岩石试样具有较好的诱能作用。

（2）相同装药量不同 Z 向载荷条件下，较大应力降往往出现在较高载荷方向，而较低载荷方向应力降的数值则较小，这说明爆破在高应力作用下往往会起到更好的降载效果。在爆破时也出现了较为明显的裂隙扩展和声发射事件集中情况，说明爆破效果与试样内爆破前已经存在的裂隙具有较为重要的关联性。钻孔窥视结果表明，爆破裂隙的发育与应力环境有一定关联性，且会沿着低应力方向发育扩展。

（3）相同装药量不同 X 向载荷条件下，在较高载荷方向出现了较大程度的应力降，而较低载荷方向应力降的数值则相对较小，说明对于柱状装药来说，其装药方向与高应力方向无直接关联性，其降载主要靠爆生裂隙与爆破动载来实现。

（4）在爆破后所出现的较为明显的声发射计数集中现象，说明爆破产生了直接致裂效果，而这种致裂效果同样依靠爆破动载与爆生气体的气楔作用来实现。

5

煤岩介质内部爆破诱能
降载原理研究

5.1 引言

通过第 4 章的三轴承压状态试样爆破诱能降载试验，发现了煤岩介质内部爆破诱发应力降低与能量释放的事实，并得到了爆破诱能的相关规律。一般认为，煤岩介质在爆破载荷作用下经历了动力加载、准静态加载及载荷释放三个阶段。煤岩介质内部爆破是爆破应力波的动作用和爆生气体的准静态作用共同作用的结果，两者对煤岩的破坏作用程度随煤岩物理力学性质和装药条件不同而有所变化。

煤岩内部的深孔爆破与煤岩介质之间的作用机理较为复杂，根据第 4 章的试验结论，爆破所出现的较为明显的声发射能量释放与应力降低主要依托爆生裂隙与爆破动载实现。爆破在煤岩介质内的损伤机理是爆生致裂研究的重要内容，而不同限定条件的改变对于煤岩介质内部爆破动载诱发的应力场或能量场变化的影响程度，对于爆破降载原理的研究同样具有重要意义。因此，本章将围绕深孔柱状装药结构的卸压爆破降载机理进行理论探讨，并围绕不同装药量、不同承压值、不同承爆介质条件下受爆破动载影响煤岩体所产生的能量耗散演化过程运用数值模拟方法进行分析。

5.2 深孔预裂爆破诱能降载机制分析

5.2.1 煤岩介质爆破损伤演化分析

煤岩介质内的爆破损伤过程是复杂的动力学演化过程。根据卸压爆破作用原理可知，顶板预裂爆破与煤岩卸压爆破大多都是深孔爆破，当炸药的最小抵抗线 W_{min} 超过其临界抵抗线 W 时，可近似认为炸药位于无限的煤岩介质中，卸压爆破过程可简化为无限煤岩介质中的爆破过程。爆炸只发生在煤岩介质内部，因此，一般情况下上述无限煤岩介质中爆炸后，在煤岩的自由面上几乎看不到爆炸痕迹。根据一般顶板爆破工艺，通常采用柱状延长药包装药结构，如图 5-1 所示，图中 L 为卸压爆破孔总长度，L_1 为延长药包长度（一般认为延长药包长径比 > 6），L_2 为封孔长度，R 为爆破漏斗底圆半径。

炸药在煤岩介质内部发生爆炸后，煤岩介质内的原始裂隙被激活扩展，煤岩介质内部产生爆破损伤，被激活的裂隙数一般服从概率密度函数中的混合 Weibull 分布：

$$N(\varepsilon_v) = k\varepsilon_v^m \tag{5-1}$$

式中　　$N(\varepsilon_v)$——煤岩内被爆炸激活的裂隙数；

ε_v——体积应变；

k、m——煤岩介质材料常数。

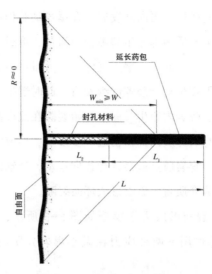

图5-1　柱状装药结构模型

而由近似分布理论分析与现场裂隙变化观测可知爆破孔周围会形成原爆破孔、爆破孔扩大空腔、爆破粉碎区、爆破裂隙区及远场震动区，如图5-2所示。

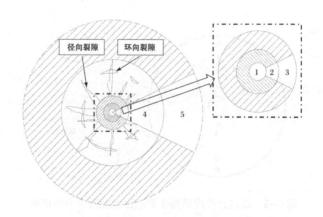

图5-2　煤岩介质内部爆破作用示意图

1—原爆破孔；2—爆破孔扩大空腔；3—爆破粉碎区；4—爆破裂隙区；5—远场震动区

根据第4章的试验可知，煤岩介质内裂隙的产生主要来源于爆炸动载作用于爆生气体的锲入作用。因此，在研究煤岩介质内爆破损伤机理时就必须考虑爆破动载与爆生气体对煤岩介质的不同作用效果,煤岩介质内的裂隙根据形成机制不同,可分为介质原生裂隙和爆破新生裂隙。

爆破后,在爆破作用下爆破孔周围会产生扩孔现象,形成一定扩大空腔,可称之为爆破孔扩大空腔。爆破孔外的煤岩介质受到爆破动载产生的强烈压缩作用而出现粉碎现象,形成爆破粉碎区。再向外发展,在爆炸动载作用下,爆炸应力作用效果为环向拉应力时,煤岩介质内部原生裂隙会被激活,形成新的爆生裂隙,上述裂隙多数为辐射状的径向裂隙。同时,爆生气体也会大量产生,并楔入煤岩介质的裂隙中,使煤岩介质原生及爆生初始裂隙继续发育,此时爆生气体的膨胀应力作用可简化为准静态应力作用,煤岩内原生及爆生初始裂隙在此准静态应力作用下产生二次激活与扩展。从而使煤岩介质内部损伤进一步发展,形成大量径向裂隙。当爆破作用产生轴向拉应力时,煤岩质点就会进行径向运动,当轴向拉应力超过煤岩介质的动态抗拉强度时,煤岩介质就会破裂形成环向裂隙。

煤岩介质内部爆生裂隙形成力学模型如图 5-3 所示,图中 σ_θ 为轴向应力,σ_r 为环向应力,在爆炸作用下两种应力在微小煤岩介质内产生,并作用于煤岩介质:

$$\sigma_r = \sigma_\theta = p_m (r_b/r)^3 \tag{5-2}$$

式中 p_m——炸药爆炸时作用在爆破孔内腔上的最大动载压强;

            r_b——爆破孔半径;

            r——质点距爆破孔中心的距离。

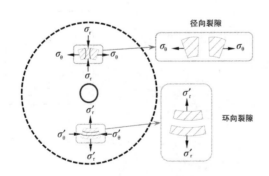

图 5-3 煤岩介质内部爆生裂隙区裂隙发育力学模型

同时煤岩介质内双向应力与爆生气体的相互作用,使煤岩介质内还会形成剪切裂隙。这些径向、环向和剪切裂隙相互交错而形成的裂隙发育区可称为爆破裂隙区。

爆破裂隙区以外的煤岩介质,爆生气体作用效果会急剧下降,爆炸动载也会迅速衰减，并以震动波的形式向外传播，震动波只能引起质点产生震动，而一般不能使煤岩介质产生新的损伤，该区域即为远场震动区。

炸药爆炸经历冲击波、应力波、震动波的转换过程，如图5-4所示。

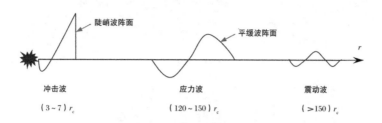

图5-4 煤岩介质内部爆破波形转化示意图

从煤岩介质内部炸药爆炸的动载波形转化规律可以看出，首先煤岩介质内部爆炸会形成爆炸冲击波，但冲击波的作用时间一般很短，作用范围也较小，在爆破粉碎区的外边界上，爆破形成的冲击波能量急剧衰减，当其低于某一临界值时，开始转换为爆破应力波，应力波通常情况下无陡峭的波阵面，煤岩介质中应力波的波阵面较为平缓。随着爆破应力波在煤岩介质内传播距离的增加，其峰值压强会随之衰减，煤岩介质中单位面积的能量密度也随之降低，传播到外围煤岩介质中的应力波峰值强度已低于煤岩介质的动态强度，因而单纯的爆破动载已经不会引起煤岩介质新的损伤破坏，而只能引起煤岩介质质点弹性震动，呈现出煤岩介质的弹性效应，爆破应力波弱化衰减为震动波向外传播。

5.2.2 爆破效应下承压岩样损伤破坏现象

在爆炸作用下煤岩体的破裂损伤是一个连续累积演化过程，煤岩体中的原生微观裂隙结构会在爆炸应力波的作用下被激活，并在爆生气体的作用下进一步扩展，最终形成宏观裂纹，在裂纹激活及扩展过程中会出现声发射事件的积聚，因此，通过监测爆破后声发射事件分布规律，可以探索爆破对煤岩介质的损伤路径。

通过第4章的试验也可清晰地看出爆破对于岩样的破坏作用，试验中，承压岩样爆破瞬间产生了较为明显的应力降，有声发射集中爆发现象，说明爆破对煤岩产生了一定的致裂效果。现将部分试样爆破后声发射事件进行定位投影，并结合试样裂隙发育宏观照片进行比对，如图5-5所示。

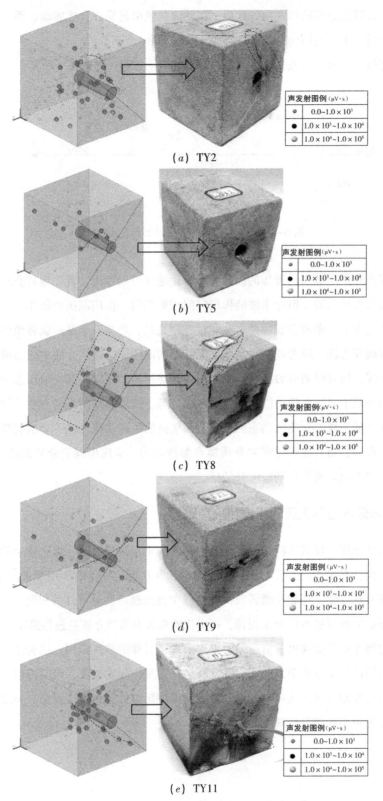

声发射图例（μV·s）
●	0.0~1.0×10³
●	1.0×10³~1.0×10⁴
●	1.0×10⁴~1.0×10⁵

（a）TY2

声发射图例（μV·s）
●	0.0~1.0×10³
●	1.0×10³~1.0×10⁴
●	1.0×10⁴~1.0×10⁵

（b）TY5

声发射图例（μV·s）
●	0.0~1.0×10³
●	1.0×10³~1.0×10⁴
●	1.0×10⁴~1.0×10⁵

（c）TY8

声发射图例（μV·s）
●	0.0~1.0×10³
●	1.0×10³~1.0×10⁴
●	1.0×10⁴~1.0×10⁵

（d）TY9

声发射图例（μV·s）
●	0.0~1.0×10³
●	1.0×10³~1.0×10⁴
●	1.0×10⁴~1.0×10⁵

（e）TY11

图 5-5 炸药爆炸后试样声发射投影及裂隙发育图

（1）由表观裂隙及内部声发射区域性集中分布可知，爆破产生的裂隙主要以爆破孔为中心向外辐射发育，声发射能量主要介于 $5.0 \times 10^2 \sim 1.0 \times 10^4 \mu V \cdot s$ 之间。

（2）主裂隙发育方向基本与较小应力方向呈小角度相交，个别甚至平行于较小应力方向，如 TY9 所示。可见，原始应力分布对爆破裂隙发育具有重要影响，分析认为主要是因为在较大应力加载环境中，会形成一定发育的初始裂隙，该初始裂隙受爆生气体"气楔"作用产生扩展，直至试样表面产生宏观裂缝。

（3）声发射定位与宏观裂隙发育具有较好的吻合性，从爆破孔周围的声发射定位来看，爆破孔近处的裂隙呈现出环状集中，纵横裂隙发育，如 TY11 所示，再向外裂隙就呈现出面状扩展形态，并最终在岩石试样表面贯穿。

5.2.3 承压煤岩介质爆破降载机理分析

5.2.3.1 爆破卸压能量平衡作用原理

（1）爆破能量平衡方程

爆破动载对煤岩体的破坏及降载效应可以根据爆破动载作用的动力方程来推导爆破动载能量平衡方程进行解析。

在单自由度系统内的相对坐标系中，爆破动载作用的动力方程可由下式表示：

$$m_1 \ddot{x} + c\dot{x} + f(x) = -m_1 \ddot{x}_g \tag{5-3}$$

式中　　m_1——体系质量；

　　　　c——体系的黏滞阻尼系数；

　　　　$f(x)$——体系恢复力；

　　　　$\ddot{x}_g$——震动加速度；

　　x、$\dot{x}$、$\ddot{x}$——本系相对于地面的位移、速度、加速度。

如果将公式（5-3）两边同时乘以相对速度 $\dot{x}$，并对爆破震动持续时间 $[0, t]$ 求积分，就可得到如下能量反应方程式：

$$\int_0^t m_1 \ddot{x} \dot{x} \mathrm{d}t + \int_0^t c\dot{x}\dot{x} \mathrm{d}t + \int_0^t f(x)\dot{x} \mathrm{d}t = -\int_0^t m_1 \ddot{x}_g \dot{x} \mathrm{d}t \tag{5-4}$$

记为：

$$U_k + U_d + U_h = U_i \tag{5-5}$$

式中　　$U_k = \int_0^t m_1 \ddot{x}\dot{x} \mathrm{d}t$——体系相对动能；

　　　　$U_d = \int_0^t c\dot{x}\dot{x} \mathrm{d}t$——体系阻尼耗能；

　　　　$U_h = \int_0^t f(x)\dot{x} \mathrm{d}t$——体系变形能；

$$U_i = -\int_0^t m_1 \ddot{x}_g \dot{x}\mathrm{d}t \quad\text{——爆炸输入的总能量。}$$

从公式（5-5）可以看出，体系变形能 U_h 是体系弹性变形能与滞回耗能之和，阻尼耗能和滞回耗能随时间增加而增加，传播介质动能和弹性变形能趋于零，因此爆破动载对煤岩介质所处系统的总输入能量全部由阻尼耗能和滞回耗能来平衡。

（2）爆破瞬时输入能量

根据公式（5-4）与公式（5-5）绘制如图5-6所示爆破能量示意图。

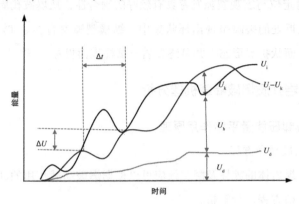

图5-6　爆破能量示意图

在爆破震动持续时间内，考虑两个连续速度零点间，即从 $U_k = 0$ 开始到下一个 $U_k = 0$ 结束的时间段 Δt 范围内煤岩体的能量反应。Δt 时间段内煤岩体吸收的能量由阻尼耗能 U_d 及变形能 U_h 组成，与此对应的总能量 U_i 的增值被定义为瞬时输入能量 ΔU。既然速度为零，那么动增量也为零，则：

$$\Delta U = \Delta U_d + \Delta U_h \tag{5-6}$$

$$-\int_0^{t+\Delta t} m_1 \ddot{x}_g \dot{x}\mathrm{d}t = \int_0^{t+\Delta t} c\dot{x}\dot{x}\mathrm{d}t + \int_0^{t+\Delta t} f(x)\dot{x}\mathrm{d}t \tag{5-7}$$

定义 ΔU 为煤岩体经历一个往复循环的能量增量，其对应的 Δt 则为震动一周期的时间。而煤岩体在爆破作用过程中每次往返震动所用的时间是变化的，因此 Δt 为一个变化值。煤岩体自振周期越大，煤岩体往返震动一次需要的时间就越长，Δt 也相对较大。实际上，瞬时输入能量概念体现了震速与频率的共同作用。

从瞬时输入能量的定义式（5-6）可知，瞬时输入能量 ΔU 包含阻尼耗能增量 ΔU_d 和变形能增量 ΔU_h 两项，其中变形能增量既包括弹性变形能也包括滞回耗能，当体系输入最大瞬时输入能量时，其变形能增量主要为滞回耗能。最大瞬时输入能量是爆破震动作用在煤岩体中的最大能量脉冲，会引起较大的结构位移增量。如果最大瞬时输入能量未能达到破坏极限值，但它使煤岩体发生塑性变形，也可能导致累积破坏，通常将滞回耗能作为累积破坏能量。

5.2.3.2 爆破动载应力降

相关研究表明，在爆破产生震动后，会产生应力降，爆源的应力降可通过测量震源的有关物理参数来确定，现场可以通过微震监测设备或专用爆破震动记录仪对爆破震动信号进行捕捉，并根据信号特点对震源参数进行计算。利用这些参数，可以计算出爆破震动的地震矩：

$$
\begin{cases}
M_{\mathrm{p}} = \dfrac{4\pi\rho\nu_{\mathrm{p}}^{3}R\Omega_{0}}{aR_{\theta}} \\[3mm]
M_{\mathrm{s}} = \dfrac{4\pi\rho\nu_{\mathrm{s}}^{3}R\Omega_{0}}{aR_{\theta}}
\end{cases}
\tag{5-8}
$$

式中　　ρ——煤岩介质密度；

　　　　ν_{p}、ν_{s}——P、S 波在煤岩介质内的传播速度（由震源频谱分析获得）；

　　　　R——爆破点与接收设备之间的距离；

　　　　Ω_{0}——低频光谱水平；

　　　　R_{θ}——震源的辐射花样；

　　　　a——现场矫正系数。

震源半径 r_{0} 可以根据 S 波在煤岩介质内的传播速度 ν_{s} 和拐角频率 f_{0} 来计算：

$$
r_{0} = \dfrac{c\nu_{\mathrm{s}}}{2\pi f_{0}}
\tag{5-9}
$$

式中　　c——常数，取决于应用的源模型。

根据公式（5-8）与公式（5-9），可以把应力降表示为：

$$
\begin{cases}
\Delta\sigma_{x} = \dfrac{7M_{\mathrm{p}}}{16r_{0}} \\[3mm]
\Delta\sigma_{y} = \dfrac{7M_{\mathrm{p}}}{16r_{0}}[\mu/(1-\mu)] = \dfrac{7bM_{\mathrm{p}}}{16r_{0}} \\[3mm]
\Delta\tau_{xy} = \dfrac{7M_{\mathrm{s}}}{16r_{0}}
\end{cases}
\tag{5-10}
$$

式中　　$\Delta\sigma_{x}$、$\Delta\sigma_{y}$——x，y 方向正应力降低值；

　　　　$\Delta\tau_{xy}$——震源点剪应力降低值。

5.3　煤岩介质爆破诱能降载数值模拟研究

结合第 4 章的试验，为了更加深入地探究承压砂岩介质内部爆破能量的变化规律，本节将采用数值模拟方法对不同条件下的煤岩介质内部爆破开展研究。

5.3.1 数值模拟目的和方案

5.3.1.1 数值模拟目的

由于真实材料室内试验过程中，煤岩体存在随机天然微裂隙，且试验过程存在人为操作误差和试验装备等方面的限制，使得瞬间状态下的爆破试验具有一定的不确定性，并不能完整准确地反映出承载煤岩体内部炸药爆炸过程中能量等变化的普适性规律。因此，为了能够准确完整地呈现煤岩介质内部爆破的能量释放规律，本节将采用数值模拟方法探究承压煤岩介质受爆破动载影响的一般规律，建立如图5-7所示的数值计算模型。

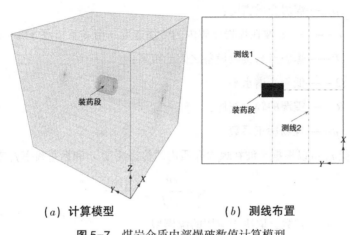

(a) 计算模型　　　　　(b) 测线布置

图5-7 煤岩介质内部爆破数值计算模型

5.3.1.2 数值模拟方案

（1）不同装药量。试样材质为粗粒砂岩，初始承载应力为18MPa，各向加载应力相同，装药量分别为2g、4g、6g，爆破孔内爆破波中主要包含了振幅（应力峰值 P_{dm}）、持续时间（作用时间 t_{dm}）两个参数。P_{dm} 可以按照炸药性质、煤体性质、爆破孔尺寸、装药结构等进行计算，此处为了简化模拟参数，拟定装药量2g、4g、6g时应力峰值 P_{dm} 分别为2MPa、4MPa、6MPa，波形应力峰值持续时间 t_{dm} 设定为2ms。对承载试样爆破动载作用过程 X、Y、Z 三个方向的能量数据进行监测，进而得到不同装药量条件下的试样能量云图及破裂特征。

（2）不同加载应力。深部卸压爆破中，煤岩介质所处初始应力环境会对爆破效果产生一定影响，初始应力与爆破动载大小、方向有一定关联性，因此初始应力与爆破动载两种载荷产生叠加后会对煤岩介质内部应力场重构产生影响。本节模拟装药量

1.0g，试样材质为粗粒砂岩，初始承载应力分别设计为9MPa、18MPa、36MPa，各向加载应力相同。对承载试样爆破动载作用过程X、Y、Z三个方向的能量数据进行监测，进而得到不同应力环境下的试样能量云图及破裂特征。

（3）不同承爆介质。第2章所提"采场结构"主要包括了煤体和岩体两类介质，根据相关研究可知介质的不同对于爆破效果影响较大，因此，为了研究不同介质参数与爆破前后应力变化规律的相关性，以煤岩介质为基础，改变介质力学参数开展爆破模拟研究。模拟装药量1.0g，X、Y、Z三个方向加载均为18MPa，试样材质为煤体与岩体，其中煤体分为了1号煤、2号煤、3号煤三类，岩体分为了粉砂岩、中粒砂岩、粗粒砂岩三类。对承载试样爆破动载作用过程X、Y、Z三个方向的能量数据进行监测，进而得到不同承爆介质条件下的试样能量云图及破裂特征。煤岩介质力学参数如第3章表3-1所列。

5.3.1.3　模型破裂事件能量判据

计算模型单元体内储存有应变能，该能量密度 W 为：

$$W = \frac{1}{2E}[\sigma_1^2 + \sigma_2^2 + \sigma_3^2 - 2\mu(\sigma_1\sigma_2 + \sigma_1\sigma_3 + \sigma_2\sigma_3)] \tag{5-11}$$

式中　　E——介质的弹性模量；

μ——介质的泊松比；

σ_1、σ_2、σ_3——模型所施加的最大、中间、最小主应力。

计算模型运行过程中，单元体的应变能时刻发生变化，如果计算所得的能量密度差值为正值则代表能量储存，如果差值为负值则代表能量释放：

$$\Delta U_e = U_e - U_e' \tag{5-12}$$

式中　　U_e——模型单元现有状态下的弹性应变能；

U_e'——模型单元前一状态下的弹性应变能。

数值模拟中的声发射能量释放量与模型单元体受应力场改变所产生的能量变化值有相关性，因此，可以在FLAC模拟中，运用Fish语言将函数导入计算模型中，实现每一次运算均计算单元体应变能。如果计算得到单元体中能量小于前一步能量，则判定该单元体出现破坏，并释放了能量，Fish自动记录下此刻释放能量单元体的定位和所释放的能量值。

5.3.2　不同装药量条件下卸压效果分析

5.3.2.1　装药量2g能量释放规律

（1）能量分布规律

图5-8所示为装药量2g时模型的能量密度云图，从图中可以看出爆破孔周围

出现了环状能量扩散，最大能量释放累计量为 2.7040×10³J；从所释放能量分布来看，爆破动载在轴向与环向均有明显作用效果。

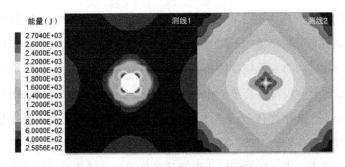

图 5-8　模型能量密度云图（装药量 2g）

（2）声发射事件分布规律

图 5-9 所示为装药量 2g 时模型的声发射事件分布，从声发射 3D 分布来看试样受爆破动载破坏多集中在爆破孔周围及爆破孔封孔区域内，能量等级多小于 $1.00×10^4$J；从事件分布前视图可以看出围绕爆破孔有明显的环状分布特征，这与爆破动载传播特性较为吻合；从事件分布俯视图来看，装药范围内环向出现了较明显的事件扩展分布，说明试样相对爆破孔的环向破坏多集中在装药段环向范围内。

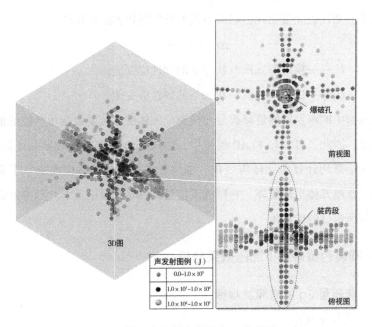

图 5-9　模型声发射事件分布（装药量 2g）

5.3.2.2 装药量4g能量释放规律

（1）能量分布规律

图5-10所示为装药量4g时模型的能量密度云图，与装药量2g时模型的能量分布规律相似，均出现了环状能量扩散，但装药量4g时的最大能量释放累计量增加为$3.0062×10^4$J，说明爆破动载的大小直接影响到模型能量释放强度。

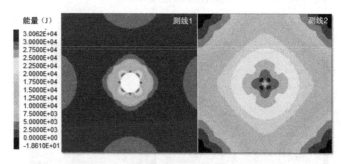

图5-10 模型能量密度云图（装药量4g）

（2）声发射事件分布规律

图5-11所示为装药量4g时模型的声发射事件分布，从声发射3D分布来看装药量4g时爆破动载对试样产生的破坏一般规律与装药量2g时相似，但$1.0×10^3 \sim 1.0×10^4$J事件增多，破坏范围也有所增大，说明装药量对试样的破坏有较为重要的影响。

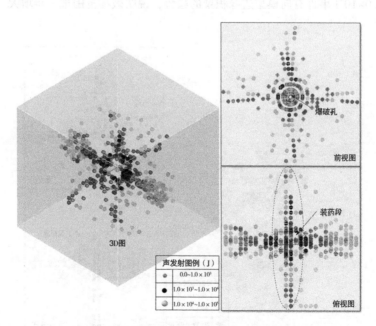

图5-11 模型声发射事件分布（装药量4g）

5.3.2.3 装药量 6g 能量释放规律

（1）能量分布规律

图 5-12 所示为装药量 6g 时模型的能量密度云图，最大能量释放累计量较装药量 4g 时有所降低，但整个模型中的能量等级较高，普遍达到了 1.0×10^3J 以上，说明装药量 6g 时爆破动载对整个模型的扰动较大，模型出现了较大范围的能量释放，装药量 6g 时爆破动载对小尺寸模型有爆破过量效果。

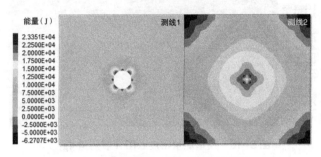

图 5-12 模型能量密度云图（装药量 6g）

（2）声发射事件分布规律

图 5-13 所示为装药量 6g 时模型的声发射事件分布，从声发射 3D 分布来看装药量 6g 时爆破动载作用下试样产生的事件能量等级进一步提高，从前视图与俯视图来看 1.0×10^4J 事件有向模型边缘积聚的趋势，说明破坏范围进一步增大。

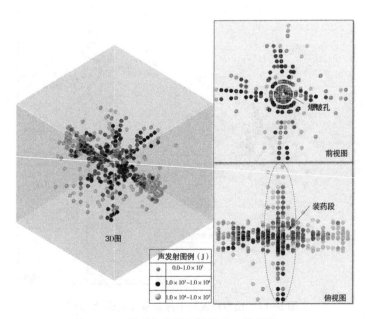

图 5-13 模型声发射事件分布（装药量 6g）

5.3.3 不同加载应力条件下卸压效果分析

5.3.3.1 初始应力 9MPa

（1）能量分布规律

图 5-14 所示为模型 X、Y、Z 方向承压 9MPa 时的能量密度云图，在装药量 1g 情况下，爆破动载对较小储能状态的试样并未产生大范围的破坏，能量等级普遍在 5.0×10^2J 以下，但总体的能量分布规律较好，也出现了环状分布，且在爆破孔封孔区域也出现了较明显的能量释放，说明小剂量爆破动载对较小应力环境模型依然有一定的破坏效果。

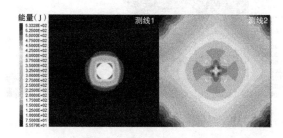

图 5-14 模型能量密度云图（初始应力 9MPa）

（2）声发射事件分布规律

图 5-15 所示为模型 X、Y、Z 方向承压 9MPa 时的声发射事件分布，事件多为小能量事件，有少量较大能量事件但多集中于爆破孔装药段附近，基本无较远处的破裂产生。

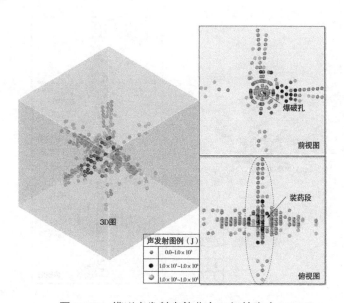

图 5-15 模型声发射事件分布（初始应力 9MPa）

5.3.3.2 初始应力18MPa

（1）能量分布规律

图5-16所示为模型 X、Y、Z 方向承压18MPa时的能量密度云图，与承压9MPa时的能量密度云图相比，虽然能量释放基本规律相似，但随着初始承压的增加，在相同爆破动载作用下，模型内释放的能量明显加大，证明爆破动载的诱能效果与试样承压状态具有重要关联，较大储能状态下的试样在爆破动载作用下会有更好的能量释放效果。

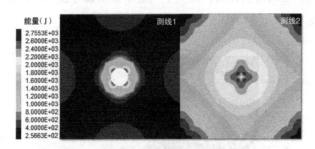

图5-16 模型能量密度云图（初始应力18MPa）

（2）声发射事件分布规律

图5-17所示为模型 X、Y、Z 方向承压18MPa时的声发射事件分布，1.0×10^3J以上能量明显增多，且破裂区域范围也有所增大。大能量事件以爆破孔为中心向四周扩散，尤其是在装药段区域，较大能量的破裂事件多有集中。

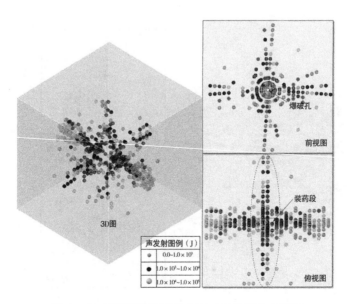

图5-17 模型声发射事件分布（初始应力18MPa）

5.3.3.3 初始应力 36MPa

(1) 能量分布规律

图 5-18 所示为模型 X、Y、Z 方向承压 36MPa 时的能量密度云图，装药段模型多数区域释放的能量达到了 1.0×10^4J，该区域能量释放较为集中，说明在高承压状态下，爆破动载可以使介质内的能量得到较好的释放。

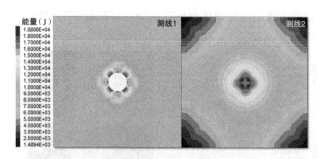

图 5-18 模型能量密度云图（初始应力 36MPa）

(2) 声发射事件分布规律

图 5-19 所示为模型 X、Y、Z 方向承压 36MPa 时的声发射事件分布，1.0×10^4J 以上能量有了较多分布，说明高承载介质内部储存有大量应变能，在爆破动载扰动下，上述能量出现了集中释放，这与现场应力集中临界状态的爆破诱冲现象较为吻合。

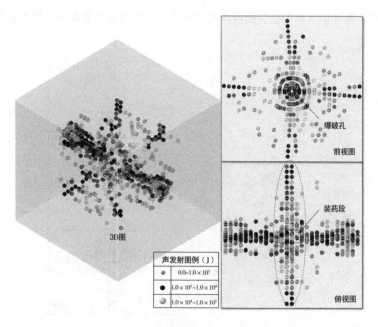

图 5-19 模型声发射事件分布（初始应力 36MPa）

5.3.4 不同承爆介质条件下卸压效果分析

5.3.4.1 1号煤（软煤）

（1）能量分布规律

图5-20所示为1号煤（软煤）模型承压18MPa、装药量1g时的能量密度云图，模型释放能量累计量最大值达到6.6346×10^4J，且由爆破孔向外环状扩展面积较大，说明软煤情况下爆破可使煤体内储存的能量得到较好的释放。

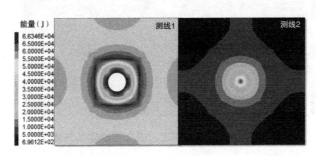

图5-20 模型能量密度云图（1号煤）

（2）声发射事件分布规律

图5-21所示为1号煤（软煤）模型承压18MPa、装药量1g时的声发射事件分布，从前视图来看，在装药段环向范围内，破裂分布均匀，且面积较广，在爆破孔轴向方向围绕爆破孔破裂事件呈现椭球形分布，规律性较强，但轴向方向延伸范围一般。环向方向破裂事件依然集中在装药段环向范围内，大能量事件多集中在爆破孔周围。

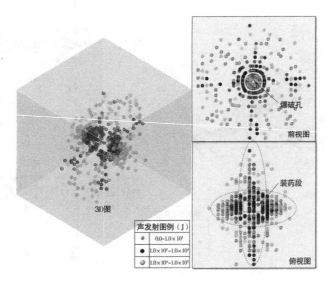

图5-21 模型声发射事件分布（1号煤）

5.3.4.2 2号煤（中硬煤）

（1）能量分布规律

图5-22所示为2号煤（中硬煤）模型承压18MPa、装药量1g时的能量密度云图，模型释放能量累计量最大值达到6.1226×10³J，相对1号煤释放能量少，说明介质的物理力学性质对爆破效果具有明显影响。

图5-22　模型能量密度云图（2号煤）

（2）声发射事件分布规律

图5-23所示为2号煤（中硬煤）模型承压18MPa、装药量1g时的声发射事件分布，由爆破孔向两端轴向扩散呈现出线性分布，说明破裂在爆破孔附近有所集中，装药段环向破裂也较为明显，且呈现环形分布状态。

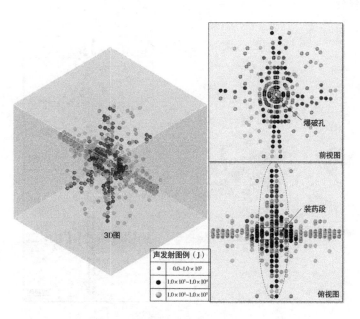

图5-23　模型声发射事件分布（2号煤）

5.3.4.3 3号煤（硬煤）

（1）能量分布规律

图 5-24 所示为 3 号煤（硬煤）模型承压 18MPa、装药量 1g 时的能量密度云图，模型释放能量累计量最大值达到 $4.3092×10^3$ J，相对其他两种煤介质受爆破动载作用所释放能量进一步减少，说明煤质越硬爆破效果相对越差。

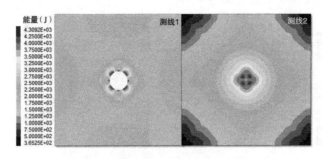

图 5-24 模型能量密度云图（3 号煤）

（2）声发射事件分布规律

图 5-25 所示为 3 号煤（硬煤）模型承压 18MPa、装药量 1g 时的声发射事件分布，由爆破孔向两端轴向扩散呈现出线性分布，说明破裂在爆破孔附近有所集中，装药段环向破裂也较为明显，且呈现环形分布状态，同时，从俯视图可以看出在钻孔孔口位置出现了破裂事件的扩散现象，说明该区域内出现了明显的模型单元的破坏和能量释放。

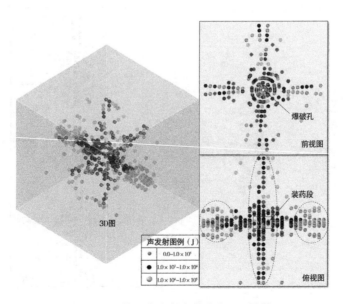

图 5-25 模型声发射事件分布（3 号煤）

5.3.4.4 粉砂岩

（1）能量分布规律

图5-26所示为粉砂岩模型承压18MPa、装药量1g时的能量密度云图，模型释放能量累计量最大值达到3.4832×10³J，整个模型受爆破动载作用所释放能量多数集中在3.0×10²~2.0×10³J范围内，整体能量得到了一定释放。

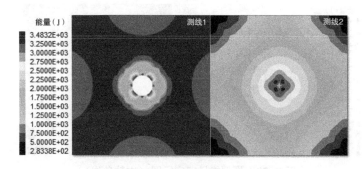

图5-26 模型能量密度云图（粉砂岩）

（2）声发射事件分布规律

图5-27所示为粉砂岩模型承压18MPa、装药量1g时的声发射事件分布，粉砂岩介质中爆破能量释放的一般规律与硬煤介质基本相同，但是爆破孔两端的能量释放多为1.0×10³J以下等级，较大能量释放多集中在爆破孔周边与爆破孔环向。

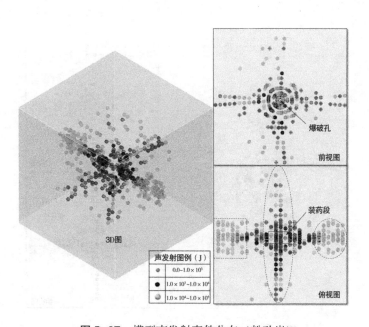

图5-27 模型声发射事件分布（粉砂岩）

5.3.4.5 中粒砂岩

（1）能量分布规律

图 5-28 所示为中粒砂岩模型承压 18MPa、装药量 1g 时的能量密度云图，模型受爆破动载作用所释放能量多数集中在 $2.0 \times 10^3 \sim 3.7 \times 10^3$ J 范围内，相比粉砂岩，能量释放量更多。

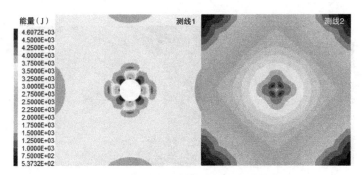

图 5-28　模型能量密度云图（中粒砂岩）

（2）声发射事件分布规律

图 5-29 所示为中粒砂岩模型承压 18MPa、装药量 1g 时的声发射事件分布，由爆破孔向两端轴向扩散呈现出线性分布，说明破裂在爆破孔附近有所集中，装药段环向破裂也较为明显，且呈现环形分布状态，同时，从前视图及 3D 图可以看出在装药段环向靠近模型边界位置出现了破裂事件的大能量集中现象。

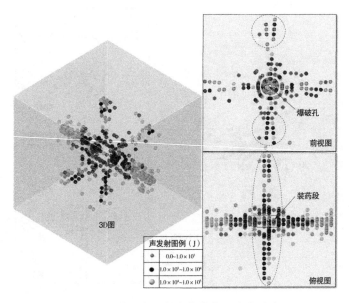

图 5-29　模型声发射事件分布（中粒砂岩）

5.3.4.6　粗粒砂岩

（1）能量分布规律

图 5-30 所示为粗粒砂岩模型承压 18MPa、装药量 1g 时的能量密度云图，模型受爆破动载作用所释放能量多数集中在 $2.0\times10^3 \sim 2.63\times10^3$ J 范围内，较硬的介质在相同加载与爆破条件下，效果出现了下降。

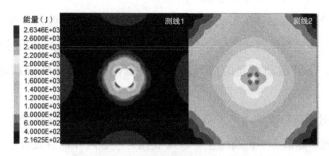

图 5-30　模型能量密度云图（粗粒砂岩）

（2）声发射事件分布规律

图 5-31 所示为粗粒砂岩模型承压 18MPa、装药量 1g 时的声发射事件分布，爆破产生的破裂事件分布与中粒砂岩基本类似，但大能量事件扩散情况较中粒砂岩要差，多数集中于爆破孔周围。

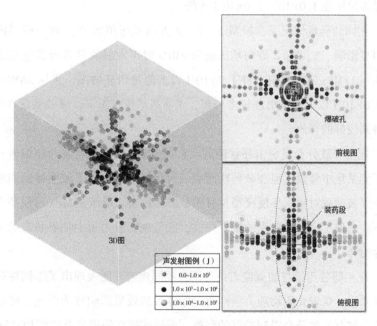

图 5-31　模型声发射事件分布（粗粒砂岩）

5.4　小结

本章针对柱状装药条件下深孔爆破降载机理进行了理论探讨，并围绕不同装药量、不同加载应力、不同承爆介质条件下爆破动载作用模式及模型能量耗散演化过程进行了数值模拟分析，主要结论如下：

（1）煤岩介质受爆破作用影响会产生分区现象，而爆破裂隙的产生主要是爆炸应力波与爆生气体相互作用的结果。煤岩介质内爆炸总能量包括了相对动能、阻尼耗能与变形能，爆破震动引起的应力降可通过爆源点震动速度或加速度值相应求出。

（2）通过对爆破后试样内声发射事件进行定位投影，并与试样裂隙发育宏观照片进行对比发现，爆破产生的裂隙主要以爆破孔为中心向外辐射发育。主裂隙发育方向与较小应力方向呈小角度相交，个别甚至平行于较小应力方向。原始应力分布对爆破裂隙发育具有重要影响，分析认为主要是因为在较大应力加载环境中，会形成一定发育的初始裂隙，该初始裂隙受爆生气体"气楔"作用产生扩展，直至试样表面产生宏观裂缝。

（3）数值模拟发现不同装药量条件下，随着装药量增加，模型内能量密度逐步增加，模型中最大能量等级也有所增加，不同装药量爆破动载扰动下的最大能量释放累计量多集中在 $1.0 \times 10^3 \sim 1.0 \times 10^4$ J 等级。

（4）相同装药量情况下，模型 X、Y、Z 方向承压值的改变对于模型内能量释放具有明显影响。X、Y、Z 方向承压值为 9MPa 时声发射能量等级普遍在 5.0×10^2 J 以下，承压 18MPa 时声发射事件 1.0×10^3 J 以上能量明显增多，承压 36MPa 时声发射事件 1.0×10^4 J 以上能量出现较多分布，说明高承压状态下，爆破动载可以使介质内能量得到较好的释放。

（5）能量释放分布呈现出环状耗散现象，主要是由于柱状装药使爆破孔环向范围出现了能量集中释放，但在装药段两端的封孔区域也出现了较明显的能量释放现象，说明爆破动载对承压环境模型具有明显破坏效果。承压 36MPa 时模型在爆破动载扰动下，出现了高能量级别的集中释放，这与现场应力集中临界状态的爆破诱冲现象较为吻合。

（6）在相同装药量与加载应力条件下，不同煤岩介质表现出了不同爆破致裂效果，总体来说，煤岩介质物理力学性质对爆破致裂效果影响较为明显，硬度较低的煤岩介质中储存的能量会得到较好的释放，而硬度较高的煤岩介质则相对较差。

6

采场顶板爆破诱能降载
参数优化

6.1　引言

本书所提结构中诱冲的力源主要来源于顶板，而坚硬顶板一般具有厚度大、强度高、整体性强、结构致密、构造弱面不发育等特点，其突然来压强度一般较高，诱发采场冲击地压可能性较大，因此，对坚硬顶板的处理就成为了上述采场结构冲击地压防治中的一项重要工作。

目前来说，对于坚硬顶板的控制性处理实质上就是改善结构系统的能量释放条件，而采用的方法主要有顶板深孔爆破、定向水力致裂等。其中，顶板深孔爆破作为顶板型冲击地压防治常用措施，主要依靠炸药爆破方法使坚硬顶板产生破断，降低顶板的整体性，释放坚硬顶板内受采动影响积聚的弹性能，减少其突然大面积破断对工作面煤层或支架产生的强烈冲击。实现的主要方法有两种：第一种是预先在完整的顶板结构中采用深孔爆破使顶板结构出现预制弱面，从而实现人为控制性破断；第二种是采用大药量深孔爆破使已形成悬顶结构的高应力集中的顶板区域规律性破断垮落并引发该区域内顶板储能的释放，从而减少能量积聚总量，使储能降低到合理区间，降低冲击地压发生的能量充分条件。

有效的采场冲击地压防控应针对特定煤岩赋存条件开展设计，防治重点是改变防护区域煤岩应力状态、转移或控制煤岩高应力区的积聚，保证工作面回采过程中静载应力和动载扰动保持较低水平，通过第 4 章与第 5 章的研究发现，爆破可以实现煤岩应力状态的改变，释放煤岩储能。本章将根据侧向多层悬顶采场结构、采空残留悬顶采场结构具体工况条件，采用离散元数值分析和现场实测方法对上述结构采取预裂爆破强制放顶技术后的顶板垮落情况及应力转移效果进行数值模拟分析，以期获得合理的切顶孔参数。

6.2　冲击施载结构弱化技术及方案

6.2.1　顶板冲击施载结构弱化阻断技术

根据前面章节的研究，采场冲击地压显现形式受煤柱、顶板影响较大，尤其是"冲击施载结构"坚硬顶板的存在使工作面临空端头超前呈现出了冲击频次高、冲击强度大的不利局面。在采场布局已经形成且较难改变的情况下，如何降低冲击危险，这就需要从冲击源头进行处理，最直接的办法就是主动性的顶板冲击源弱化阻断，通过针对顶板厚硬岩层或者其附属岩层开展深孔爆破工程，实现冲击阻断效果。

根据第 3 章的分析可知，关键层的动载产生主要分为两个阶段：破断阶段与下冲触矸阶段。因此，针对坚硬顶板关键层的深孔爆破处理一般性原则为：采用爆破措施使破裂塌落后的岩石基本充填采空区，或碎胀岩石上部仅有小的裂隙空间。主要目的是降低上部关键层在煤层近场破断的可能性或者降低该关键层的下冲势能，减小冲击动载。顶板冲击源弱化阻断应从以下几个方面入手：

（1）超前预裂。首先确定目标层位，然后针对目标层位进行钻孔参数设计，并根据现场施工条件与本工作面超前应力分布情况确定超前预裂施工距离。为了降低钻孔施工难度，并降低钻孔施工过程中的扰动冲击概率，超前预裂施工距离一般应大于本工作面的超前支承应力影响范围。

（2）控制采高。对于具有厚硬冲击施载结构的采场来说，采高对于上覆冲击施载结构的影响较大，下赋空间越大，冲击施载结构破断及下冲产生的动载强度越大。因此，应根据目标层位距煤层的距离、岩性、碎胀性能等参数确定合理的采高。

（3）控制回采速率。由于煤岩体具有一定的储能性质，根据第 3 章的研究可知，煤层上覆岩层在采空区形成后其有一定的变形过程（$t_0 \sim t_1$），回采速率的变化可造成高位顶板悬顶面积的改变，高速回采可使 $t_0 \sim t_1$ 时间延长，关键岩层破断距离增加，从而造成破断能量增加，极易引发强冲击显现。

（4）加强支护。支护作为煤体开挖后应力替换承载结构，其阻断或者承载冲击动载的作用尤为突出，合理有效的支护参数对于控制冲击地压显现强度具有重要意义。

本书重点研究采场结构演化规律和爆破降载诱能原理，因此将针对上述 4 方面的第 1 方面开展系统研究，其他方面将作为采场冲击地压防治技术体系的其他分支在以后的工作中深入研究。

6.2.2　深孔顶板高效稳定预裂爆破技术

深孔爆破参数直接关系到卸压适量与卸压超量之间的平衡关系，如何找到适合矿井顶板条件的深孔爆破参数具有重要意义。深孔爆破参数的确定，除了要满足顶板弱化效果外，还需实现经济与工艺的合理可行。

影响顶板爆破效果的因素主要有预裂高度和预裂范围。预裂高度的确定与需弱化关键层的层位有关，最小预裂高度应满足以下两方面目的：

（1）使需弱化的关键层破断。提前使关键层小范围破断回转，降低其悬顶面积，从而降低关键层突然大面积破断回转释放高等级能量。

（2）尽量充填其下赋离层空间。使关键层处于 3.2.1 节所述 $t_0 \sim t_1$ 阶段，从而有效降低关键层破断的可能，并可以使高位关键层与煤层间的传递介质实现破碎化，增加能量衰减系数，从而使高位关键层破断传递至煤层的能量大幅衰减，相应减弱其破断对采场的冲击影响。

预裂高度和预裂范围的确定方法主要有理论计算、数值模拟、现场实测等，本章将通过数值模拟方法针对目标层位 No.2 关键层开展研究。

目前，顶板深孔爆破已有很多矿井在尝试，也总结了一定的经验，但坚硬顶板深孔爆破安全稳定性问题是该技术中需解决的关键问题之一，而以往的深孔爆破工艺存在安全、快速、稳定、有效等方面的不足，不利于安全和有序生产。为了解决上述问题，从深孔爆破工序入手，依托唐口煤矿与门克庆煤矿实际工程，对顶板深孔爆破每一步工序进行优化研究，总结了一套从设计到施工的顶板深孔爆破技术，如图 6-1 所示。

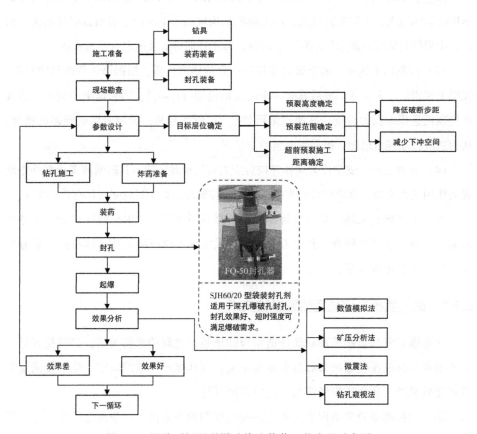

图 6-1　深孔顶板预裂爆破快速装药工艺流程示意图

采取提前打眼、集中爆破的工艺，对顶板深孔爆破施工进度进行优化设计，并形成如表 6-1 所示的深孔顶板预裂爆破施工进度计划表，该计划表对施工准备、工程施工、工程验收均进行了细化，并在转运钻机、施工钻孔、岩性观测、爆破器材准备、集中爆破、尾工处理、钻孔复测、分析总结等方面与现场生产进行了穿插，最大限度地避免了爆破对生产造成的影响。

爆破工艺：准备爆破孔，并确保孔内无堵塞→准备被筒、炸药、雷管、专用炮杆等材料及专用工具→安装导爆索与雷管、定炮，固定电源引线→将装满炸药的被筒依次送入孔底→依次填入水炮泥、专用封孔剂，将炮眼封实→连线、起爆。

深孔顶板预裂爆破施工进度计划表　　　　　　　表 6-1

工序编号	工序名称	工序时间(d)	施工进度 3月											
			1	2	3	4	5	6	7	8	9	10	11	12
1	转运钻机	1	—											
2	施工钻孔	8												
3	岩性观测	8												
4	爆破器材准备	1												
5	集中爆破	2												
6	尾工处理	1												
7	钻孔复测	1												
8	分析总结	11												

6.2.3　顶板冲击源弱化阻断方案

根据采场布置形式，顶板钻孔可设计为三类：本工作面面内钻孔、本工作面煤柱上方钻孔与上区段巷道预切顶孔，如图 6-2 所示。

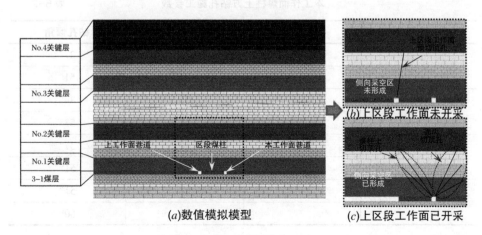

(a)数值模拟模型　　　　　　(c)上区段工作面已开采

图 6-2　数值模拟模型及钻孔设计

根据前述内容可知覆岩中 No.2 关键层对采场应力环境的演化影响较大，是对本采场冲击显现较为重要的关键层，因此如何处理 No.2 关键层就成为了顶板弱化技术的关键。关键层破断失稳所释放的能量主要来源于关键层本身破断的弹性能释放与关键层破断后下冲势能的转换释放两部分。

如何尽量减少关键层所释放的能量，主要有两个处理思路：

（1）低位岩层弱化措施，主要目的是将下部已经出现悬顶的岩层通过爆破措施进行破断，使其破断垮落后充填 No.2 关键层下赋离层空间。

（2）高位关键层弱化措施，即直接采用爆破措施处理 No.2 关键层，使其出现小范围规律性人为破断。

为了探讨不同钻孔布置方式下的顶板弱化与采场应力转移效果，基于第 3 章 UDEC 数值模拟模型 [如图 6-2（a）所示]，开展顶板弱化数值模拟分析。主要模拟内容如下：

（1）模拟上区段工作面未开采时。在上区段工作面巷道施工预切顶孔，设计钻孔偏煤柱 5° 倾斜向上，钻孔深度分别为 10m、30m、50m、70m，其中深度为 10～50m 的钻孔为低位岩层弱化钻孔，深度为 70m 的钻孔为高位关键层弱化钻孔，如图 6-2（b）所示。

（2）模拟上区段工作面已开采后。此时已经不具备前工作面巷道施工钻孔的条件，需要在本工作面巷道内施工切顶孔，设计两种钻孔，如图 6-2（c）所示。

1）本工作面煤柱上方钻孔，钻孔目的是切断悬顶完整性，改变顶板应力传导结构。为了确保切顶效果，每组钻孔设计为两个，共分为 M-A、M-B、M-C、M-D 四组，其中 M-A、M-B、M-C 组为低位岩层弱化钻孔，M-D 组为高位关键层弱化钻孔。钻孔设计参数如表 6-2 与图 6-3 所示。

本工作面煤柱上方钻孔施工参数　　　　　　　　　　　表 6-2

组号	序号	钻孔深度（m）	钻孔倾角
M-A	1	22	27°
	2	36	51°
M-B	1	36	34°
	2	50	53°
M-C	1	50	37°
	2	64	51°
M-D	1	64	51°
	2	80	60°

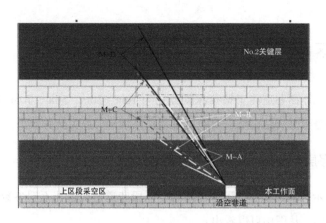

图 6-3　煤柱上方钻孔布置示意图

2）本工作面面内钻孔，钻孔目的是超前本工作面按照安全周期来压步距制造人工顶板弱面结构，从而切断坚硬顶板的完整性，使工作面回采至该位置后坚硬顶板能在弱面区域及时垮落，最终避免大面积悬顶的出现。由于本工作面方向无自由面，因此为强化预裂效果，在以巷道中线为对称轴进行对称布置的基础上，再在每一组两孔中间布置一个钻孔，形成每组三孔扇形布置形式，其中 G-A、G-B、G-C组为低位岩层弱化钻孔，G-D 组为高位关键层弱化钻孔。钻孔设计参数如表 6-3所示。

本工作面面内钻孔施工参数　　　　　　　　表 6-3

组号	序号	钻孔深度（m）	钻孔倾角
G-A	1	22	27°
	2	28	45°
	3	36	51°
G-B	1	36	34°
	2	42	45°
	3	50	53°
G-C	1	50	37°
	2	56	45°
	3	64	51°
G-D	1	50	37°
	2	64	51°
	3	80	60°

6.3 上区段工作面预切顶孔抑能效果分析

在上区段工作面巷道施工钻孔深度分别为 10m、30m、50m、70m 的预切顶孔，分析侧向多层悬顶采场结构与采空残留悬顶采场结构的应力转移效果。

6.3.1 侧向多层悬顶采场结构应力转移效果

图 6-4 所示为侧向多层悬顶采场结构上区段巷道预切顶孔不同参数条件下的采场应力分布云图，从图中可以看出：

（1）未施工钻孔的原始状态下区段煤柱内的应力集中情况较为严重，受采空区影响，应力集中区域主要集中在采空区侧煤柱内，但沿空巷道帮部也出现了局部的应力集中显现，应力集中值均超过 40MPa。

（2）随着钻孔深度的增加，应力集中区域逐步向上位顶板转移，应力转移高度与钻孔深度具有明显的正相关性，说明钻孔对于顶板及煤层应力分布具有重要影响，且钻孔深度参数直接影响到应力场分布。

（3）当钻孔深度为 10m 时，应力集中区域转移到直接顶与基本顶区域，但沿空巷道帮部应力集中情况依然存在。当钻孔深度为 30m 时，煤层应力集中情况得到较好缓解，顶板应力集中区域集中在了 No.1 关键层以上岩层中，但距煤层依然较近。当钻孔深度为 50m 时，煤层中应力集中情况进一步缓解，尤其是沿空巷道两帮应力集中范围有所减小，顶板岩层应力集中区域继续向上转移，分布区域有所发散。当钻孔深度为 70m 时，煤层中应力集中情况与钻孔深度为 50m 时相似，但顶板岩层应力集中区域出现了积聚现象，并在 No.2 关键层以上岩层内出现了明显的应力集中现象，应力集中值超过 40MPa。

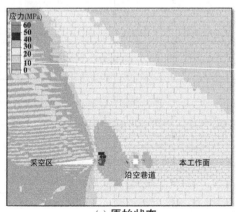

(a) **原始状态**

图 6-4 侧向多层悬顶采场结构采场应力云图（上区段巷道预切顶孔）

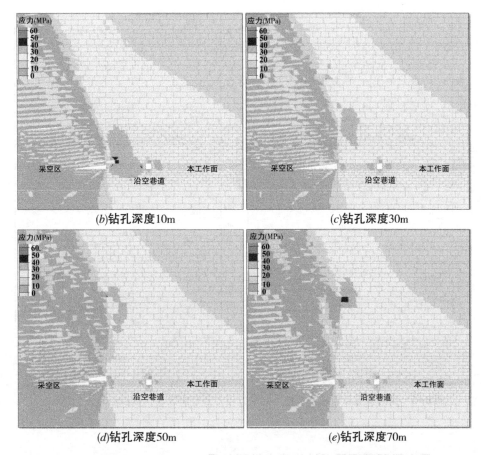

(d)钻孔深度50m　　　　　　　　(e)钻孔深度70m

图6-4 侧向多层悬顶采场结构采场应力云图（上区段巷道预切顶孔）（续）

图6-5所示为侧向多层悬顶采场结构煤柱与No.2关键层测线处的应力分布曲线，从图中可以看出：

（1）钻孔深度为10m时，煤柱与No.2关键层内应力基本相同，应力峰值达到27.44MPa，随着钻孔深度的增加煤柱内应力出现了先减后增现象。

（2）钻孔深度为30m时，煤柱内应力峰值为30.09MPa，达到最低，但此时No.2关键层中应力峰值为30.39 MPa，应力较为集中，No.2关键层承受较大应力，易出现破断。

（3）钻孔深度为50m、70m时，煤层与No.2关键层中应力差别不大。

（4）综合分析来看，最佳钻孔深度为30~50m，该钻孔深度对缓解煤柱与No.2关键层应力均具有较好效果。

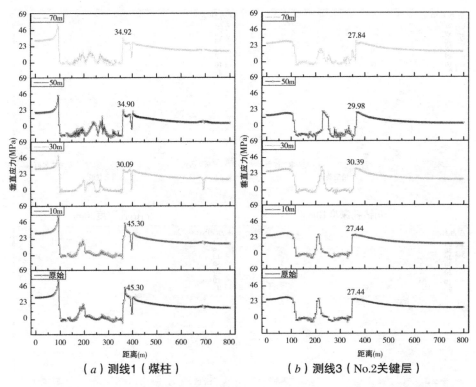

（a）测线1（煤柱）　　　　　　　　（b）测线3（No.2关键层）

图6-5　侧向多层悬顶采场结构不同层位应力分布曲线（上区段巷道预切顶孔）

6.3.2　采空残留悬顶采场结构应力转移效果

当区段煤柱两侧均采空后，煤柱就会承担两侧岩层所压覆的力，其结构形态为采空残留悬顶采场结构，残留煤柱内的应力峰值将会急剧增加。

图6-6所示为采空残留悬顶采场结构上区段巷道预切顶孔不同参数条件下的采场应力分布云图，从图中可以看出：

（1）未施工钻孔的原始状态下区段煤柱及其上部岩层中应力集中情况较为严重，受双侧悬顶影响，应力集中区域主要集中在残留煤柱及 No.1 关键层中，应力集中值多数集中在 100~120MPa，局部达到 140MPa 以上。

（2）随着钻孔深度的增加，煤柱内应力集中区域范围变化不大，但受钻孔影响，顶板内应力分布呈现出较显著变化，当钻孔深度大于 30m 时，应力出现较明显的向上转移，并伴随有煤柱内应力集中区域的逐步减小。

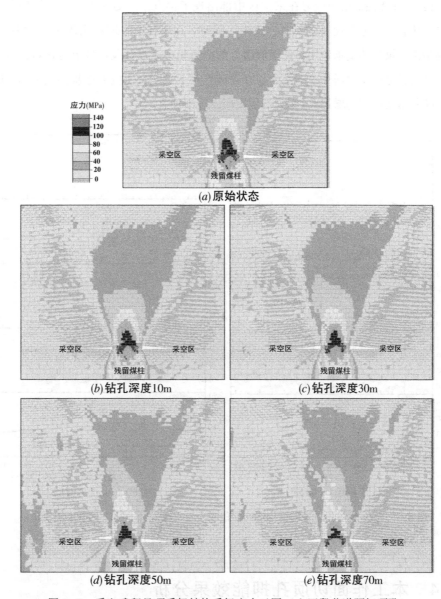

(a)原始状态

(b)钻孔深度10m

(c)钻孔深度30m

(d)钻孔深度50m

(e)钻孔深度70m

图 6-6　采空残留悬顶采场结构采场应力云图（上区段巷道预切顶孔）

图 6-7 所示为采空残留悬顶采场结构煤柱与 No. 2 关键层测线处的应力分布曲线，从图中可以看出：

（1）随着钻孔深度的增加，煤柱内应力峰值出现先增后减再增的变化规律。当钻孔深度为 10m 时，应力峰值达到最大 150.7MPa；当钻孔深度为 30m 时，应力峰值为 133.2MPa，小于原始状态的 135.4MPa；当钻孔深度为 50m 时，应力峰值达到最小 112.7MPa；随后当钻孔深度为 70m 时，应力峰值又回升至 126.7MPa。说明钻孔深度在 30~50m 区间时煤柱内存在合理的应力降低情况。

（2）No. 2关键层内应力在采空区中部出现了尖点，主要是由于关键层破断后铰接，从而在上述位置形成了应力集中。同时，在煤柱上方同样出现了应力尖点，主要是由于煤柱的支承作用，使两侧覆岩的应力集中于煤柱及煤柱上方区域，造成该区域内关键层受力增加。下部岩层在爆破作用下破断，使应力逐步向上传递，因此，随着钻孔深度的增加 No. 2关键层中应力逐渐加大。

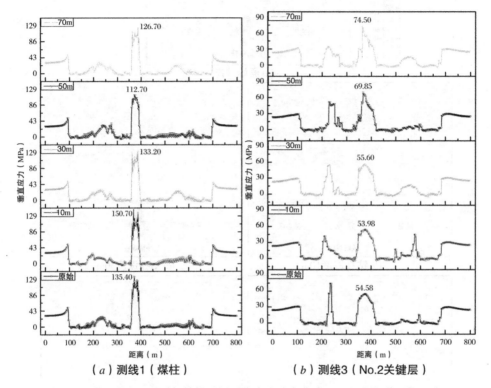

（a）测线1（煤柱）　　　　　　（b）测线3（No.2关键层）

图6-7　采空残留悬顶采场结构不同层位应力分布曲线（上区段巷道预切顶孔）

6.4　本工作面切顶孔抑能效果分析

上区段采空区已形成后，无法在上区段巷道内施工预切顶孔，此时按照方案在本工作面沿空巷道内施工了煤柱上方与面内两种切顶孔，并按照方案设计进行了模拟计算，本节将针对两种钻孔在不同采场结构下的应力转移效果进行分析。

6.4.1　侧向多层悬顶采场结构应力转移效果

6.4.1.1　煤柱上方切顶孔

图6-8所示为侧向多层悬顶采场结构本工作面煤柱上方切顶孔不同参数条件下的采场应力分布云图，从图中可以看出：

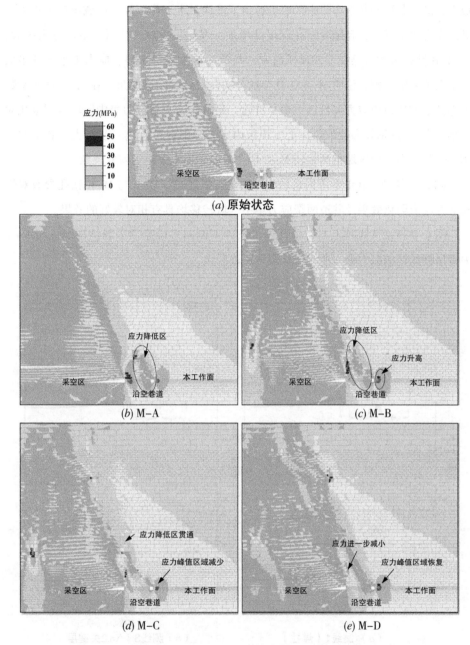

(a) 原始状态

(b) M-A

(c) M-B

(d) M-C

(e) M-D

图 6-8 侧向多层悬顶采场结构采场应力云图（煤柱上方切顶孔）

（1）未施工钻孔的原始状态下区段煤柱内的应力分布情况与图 6-4 所示相同，在煤柱区域同样有较大范围的应力集中区域，且应力集中均值均超过 40MPa。

（2）由于煤柱上方切顶孔的切断效果，可以在煤柱上方形成明显的应力降低区，应力降低区应力值可降低到 20MPa 以下。

（3）随着煤柱上方切顶孔的实施，煤柱内应力集中区域逐步上移至采空区侧顶板中，沿空巷道两帮应力集中区域也得到了重构，本工作面煤帮区域出现了较为明显的应力集中现象，且随着钻孔深度的增加，煤柱上方应力降低区范围逐渐扩大，在 M-B 钻孔参数下煤柱上方顶板内应力降低区扩大效果明显，应力集中区域多数集中在了采空区侧，说明 M-B 钻孔参数可实现较好的降载效果，在 M-C 钻孔参数下煤柱上方顶板内应力降低区出现了贯通，此时巷道两帮应力集中区域范围也相对较小，在 M-D 钻孔参数下煤柱上方顶板内应力降低区范围进一步扩大，巷道本工作面煤帮应力集中区域范围相较 M-C 钻孔参数下出现了应力恢复现象。

（4）从各种钻孔参数下的采场应力演化可以看出，M-B 与 M-C 钻孔参数对煤柱上方应力弱化效果及巷道两帮应力集中区域转移均具有相对较好的效果。

图 6-9 所示为煤柱上方切顶孔施工条件下侧向多层悬顶采场结构煤柱与 No.2 关键层测线处的应力分布曲线，从图中可以看出：

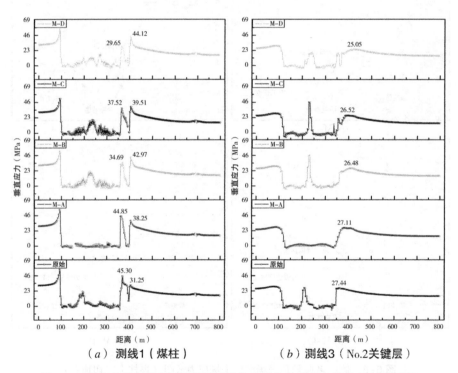

（a）测线1（煤柱）　　　　　（b）测线3（No.2关键层）

图 6-9　侧向多层悬顶采场结构不同层位应力分布曲线（煤柱上方切顶孔）

（1）各钻孔参数下煤柱内及巷道两帮应力值均有明显变化，总体趋势为煤柱应力峰值降低，巷道本工作面煤帮应力峰值升高。

（2）随着钻孔深度的增加，煤柱内应力峰值出现明显的梯度降低，而巷道本工作面煤帮内应力峰值出现"先升后降再升"现象，在 M-C 钻孔参数情况下出现降低节点，此时煤柱内应力峰值为 37.52MPa，巷道本工作面煤帮内应力峰值为 39.51MPa，两者差值仅为1.99MPa，说明巷道两侧应力分布出现了某种状态的平衡。

（3）随着钻孔参数的改变，由No.2关键层中的应力分布可以看出，No.2关键层沿空巷道区域内的应力峰值波动不大，最大为原始状态下的27.44MPa，随着钻孔深度的增加应力峰值也出现了向实体煤方向转移的趋势，说明低位与高位钻孔对应力转移均具有明显效果。

6.4.1.2　面内切顶孔

图6-10所示为侧向多层悬顶采场结构本工作面煤柱上方切顶孔不同参数条件下的采场应力分布云图，从图中可以看出：

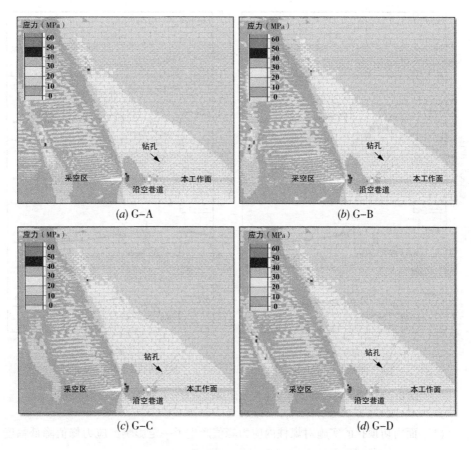

图6-10　侧向多层悬顶采场结构采场应力云图（面内切顶孔）

（1）本工作面面内切顶孔，主要目的是在小范围内制造人工顶板弱面结构，以使本工作面回采至该切顶位置后坚硬顶板能及时垮落，因此每组钻孔间距一般较大，无法实现对顶板的爆破切断，整体来说其在侧向多层悬顶采场结构条件下的应力转移效果并不明显，也不是其主要作用目的。

（2）随着钻孔深度的增加，爆破后也对采场内应力分布产生了些许影响，尤其是从 G-C 钻孔参数开始，其钻孔上部与原岩应力区域产生了贯通，对钻孔底部的应力分布产生了一定影响，但效果并不明显。

（3）面内切顶孔的实施对于超前工作面应力环境的影响较小，因此面内切顶孔可在工作面支承应力影响范围外进行施工，在有利于施工条件的情况下还可以实现对面内坚硬顶板的提前预破断。

图 6-11 所示为面内切顶孔施工条件下侧向多层悬顶采场结构煤柱与 No.2 关键层测线处的应力分布曲线，从图中可以看出：

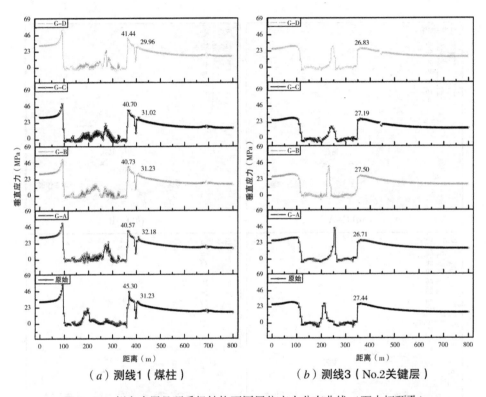

（a）测线1（煤柱）　　　　　（b）测线3（No.2关键层）

图 6-11　侧向多层悬顶采场结构不同层位应力分布曲线（面内切顶孔）

（1）面内切顶孔的实施对煤柱内应力峰值产生了一定影响，应力峰值降低幅度普遍在 4MPa 以上，但对巷道本工作面煤壁内应力峰值的影响则相对较小，降低幅度不超过 1MPa，且在 G-A 钻孔参数下巷道本工作面煤帮侧应力峰值出现了小幅度上升，但总体来看，面内切顶孔的实施对煤层应力分布无明显影响。

（2）从 No.2 关键层的应力分布情况来看，侧向多层悬顶采场结构条件下，面内切顶孔的实施对关键层中应力峰值也无较大影响，钻孔实施之后应力峰值区域向工作面实体煤方向产生了较小幅度的偏移，应力值也出现了 1MPa 以内的变化。

（3）超前工作面施工的面内切顶孔可以起到小幅度降低煤柱内应力的效果，但由于高位关键层下方岩层及煤层的存在，使面内切顶孔对于高位关键层内应力分布的影响相对较小。

6.4.2 采空残留悬顶采场结构应力转移效果

6.4.2.1 煤柱上方切顶孔

图 6-12 所示为采空残留悬顶采场结构煤柱上方切顶孔不同参数条件下的采场应力分布云图，从图中可以看出：

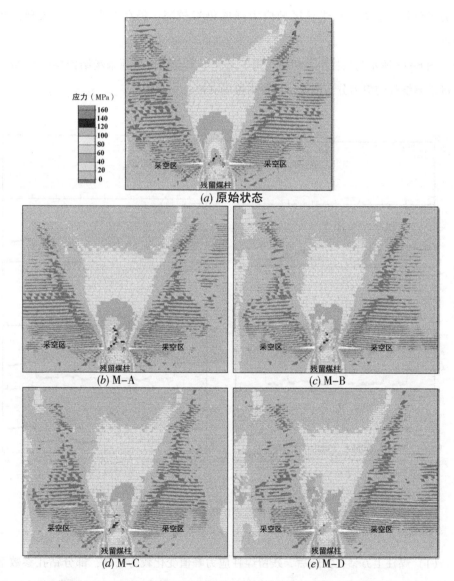

图6-12 采空残留悬顶采场结构采场应力云图（煤柱上方切顶孔）

（1）煤柱上方切顶孔对采空残留悬顶采场结构煤柱区域应力具有较强的扰动效应，切顶孔附近会有明显的应力变化现象。

（2）低位切顶孔对下部的高应力区扰动较为明显，对上部的高应力区有一定扰动，但不明显。随着钻孔深度的增加，高位钻孔对上部的高应力区产生了较大范围的扰动效应，出现了应力区的重分布现象，说明采空残留悬顶采场结构下切顶孔深度对应力场分布具有较大影响。

（3）虽然施工了煤柱上方切顶孔，但残留煤柱区域应力峰值仍然较高，有较大面积的应力集中现象，在高应力作用下煤柱两侧极易发生失稳破坏，诱发采空区内煤柱冲击，进而产生冲击震动，威胁工作面前方安全。高位钻孔 M-D 对煤柱区域应力降载效果较好，但煤柱区域应力峰值仍然较高，仍存在采空区内失稳的可能性。

图 6-13 所示为煤柱上方切顶孔施工条件下采空残留悬顶采场结构煤柱与 No.2 关键层测线处的应力分布曲线，从图中可以看出：

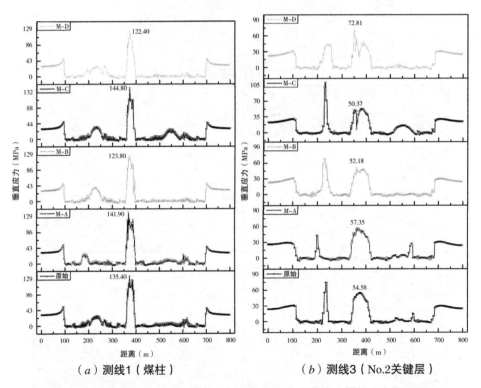

（a）测线1（煤柱） （b）测线3（No.2关键层）

图 6-13　采空残留悬顶采场结构不同层位应力分布曲线（煤柱上方切顶孔）

（1）煤柱上方钻孔实施后，残留煤柱应力峰值变化较为明显，部分钻孔参数下应力峰值出现了明显的上升，上升最明显的为 M-C 钻孔参数下，较原始状态上升

9.4MPa，其次为 M-A 钻孔参数下，较原始状态上升 6.5MPa。M-B 与 M-D 钻孔参数下，残留煤柱内应力峰值均出现了降低，其中 M-B 钻孔参数下，较原始状态降低 11.6MPa，M-D 钻孔参数下，较原始状态降低 13.0MPa。

（2）从 No.2 关键层的应力分布情况来看，煤柱上方 M-A 至 M-C 低位切顶孔的实施对关键层中应力峰值有降低效果，最大降幅 7.7%左右，随着煤柱区域关键层中应力峰值的降低，临近采空区内 No.2 关键层出现了较为明显的尖点应力上升，最大值接近 105MPa，临近破断极限。

6.4.2.2 面内切顶孔

图 6-14 所示为采空残留悬顶采场结构面内切顶孔不同参数条件下的采场应力分布云图，从图中可以看出：

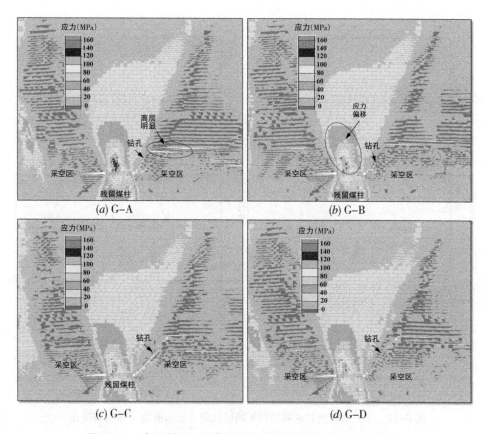

图 6-14 采空残留悬顶采场结构采场应力云图（面内切顶孔）

（1）采空残留悬顶采场结构条件下，面内切顶孔的实施改变了本工作面上覆岩层的垮落形态，下部煤层开挖形成的采空区已基本填实，上覆 No.2 关键层区域也出现了较明显的离层现象。

（2）从离层区域来看，低位钻孔形成的离层一般出现在 No.2 关键层下部位置，如 G-A 与 G-B 钻孔参数。而高位钻孔形成的离层出现在了 No.2 关键层中上部位置，如 G-D 钻孔参数。

（3）面内切顶孔实施后，残留煤柱区域的应力场分布出现了较明显的变化，随着钻孔参数的变化，应力集中区域范围也产生了变化，应力集中区域整体向上区段采空区侧出现了应力偏移现象，且趋势较为明显。

（4）从应力分布区域来看，G-A 钻孔参数对残留煤柱区域应力降低效果并不明显，而 G-B、G-C、G-D 钻孔参数对煤柱区域应力改变情况基本相同，综合考虑本工作面顶板垮落、应力转移情况和钻孔工程量，G-B、G-C 钻孔参数相对较优。

图 6-15 所示为面内切顶孔施工条件下采空残留悬顶采场结构煤柱与 No.2 关键层测线处的应力分布曲线，从图中可以看出：

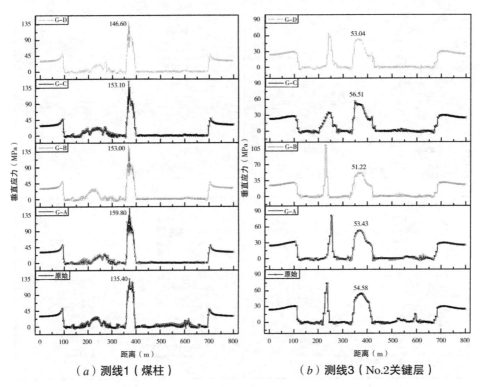

图 6-15 采空残留悬顶采场结构不同层位应力分布曲线（面内切顶孔）

（1）因为面内切顶孔使采空残留悬顶采场结构采场应力产生偏移，因此本工作面采空区范围内的顶板垮落引起应力场向煤柱区域的转移，随着面内切顶孔的实施，煤柱内应力峰值出现了明显的上升，最大上升幅度为 18% 左右。

（2）随着钻孔深度的增加，煤柱内应力峰值出现了先增后减的现象，主要是由于钻孔深度的增加使得本工作面侧顶板垮落高度上移，进而使应力向更上位岩层转移，使煤柱区域应力集中情况得到一定程度的缓解。

（3）从No.2关键层内应力分布情况来看，应力峰值出现先减后增的规律，在G-B钻孔参数下，应力峰值达到最低，为51.22MPa，减小幅度为6%左右。

6.5 冲击施载结构超前及侧向预裂参数确定

6.5.1 超前顶板预裂方案

本节根据门克庆煤矿3102工作面具体回采情况，设计了预裂孔间距分别为10m、20m、30m三种方案，预裂高度按照表6-3所示面内钻孔G-C所列钻孔最大垂高设计（43m），钻孔施工至No.2关键层下部，如图6-16所示，工作面推进距离220m，通过对比不同孔间距下超前切顶对煤层与No.2关键层应力分布规律的影响，来探索超前预裂孔间距适用范围。

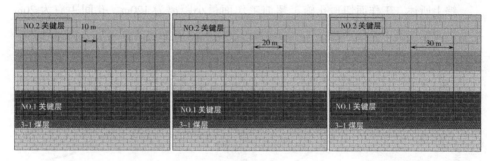

（a）孔间距10m （b）孔间距20m （c）孔间距30m

图6-16 不同间距钻孔布置示意图

6.5.2 超前顶板预裂参数确定

对工作面回采220m时煤层与No.2关键层应力分布情况进行数据整理，形成煤层与No.2关键层应力分布曲线，如图6-17和图6-18所示，从图中可以看出：

（1）由未切顶情况下工作面前方应力影响范围可知，若以应力集中系数为2时作为超前应力集中区范围界定值，则工作面超前支承应力影响范围约为120m，因此，切顶孔施工超前工作面最小距离为120m。

（2）切顶后煤层中超前应力集中区峰值均有所降低，主要原因为采空区内顶板垮落后悬臂结构减小，应力转移，因此煤层内应力集中程度有所降低。

（3）不同切顶孔间距时的应力集中值不同，主要是由于在不同切顶孔间距下，采空区后部悬顶结构不同，因此压覆在煤层中的应力值也不同，而从应力降低效果来看，孔间距30m时煤层中应力集中程度最优，其次为孔间距20m时，而孔间距10m时应力降低程度则相对较差。

（4）从采空区应力分布来看，孔间距10m时采空区内出现了极为明显的"尖点"应力，孔间距30m时也有较为明显的尖点分布，说明上述参数下采空区内应力分布并不均匀，顶板垮落状态不均。反观孔间距20m时，采空区内应力也存在"尖点"分布，但相对较为均匀，说明顶板垮落相对均匀。

（5）切顶后No.2关键层中应力峰值均出现了明显上升，说明低位岩层切断后，应力出现了上移，最终在No.2关键层中出现了积聚，当积聚到一定程度后No.2关键层会出现下弯，甚至垮断，这样就实现了使关键层提前破断，减少垮断步距的目的。

（6）从顶板垮落形态与超前煤体应力变化来看，孔间距应控制在20~30m范围内。此外，孔间距的确定还需要参考工作面实际周期来压步距。据统计，3102工作面未开展切顶工程时周期来压平均步距约为22.3m，孔间距一般情况下不应大于工作面周期来压平均步距，因此综合来看孔间距选择20m左右较为适宜。

综上所述，工作面切顶孔施工超前工作面最小距离为120m，孔间距应为20m左右，实际工程中可根据覆岩岩性或厚度改变情况运用上述参数确定方法适时调整钻孔参数。

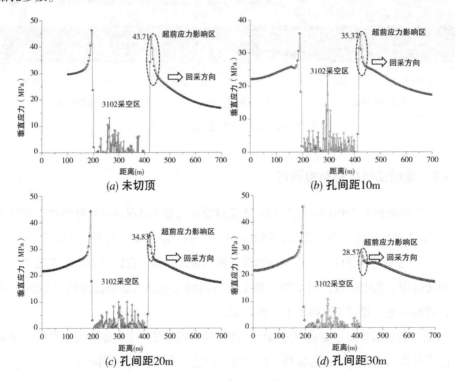

图 6-17 不同孔间距煤层应力分布情况（回采 220m）

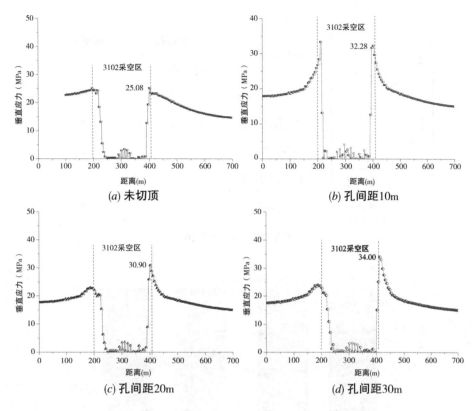

图 6-18　不同孔间距 No.2 关键层应力分布情况（回采 220m）

6.5.3　侧向孔间距参数确定

上区段巷道预切顶孔与本工作面煤柱上方切顶孔的主要作用是切断侧向采空区的悬顶，上述切顶孔间距的确定方法主要依据是爆破裂隙区发育范围。相邻两排钻孔爆破后的裂隙区应尽量贯通，或者仅留有一小部分未预裂顶板，通过矿山压力将坚硬顶板在人为制造的顶板缺陷体处实现规律性垮落，从而有效降低动载力源强度，避免大面积悬顶情况的产生。

为了确定切顶孔的间距，采用现场实测方法确定单孔裂隙发育范围，在巷道 1 个顶板爆破孔附近设置 3 个观测孔，其中 1 号观测孔距离爆破孔 1m，2 号观测孔距离爆破孔 2m，3 号观测孔距离爆破孔 3m。观测孔、爆破孔布置及参数如图 6-19 所示。

从爆破前后观测孔孔壁裂隙发育情况来看，顶板爆破孔爆破前观测孔孔壁岩性均比较完整，爆破后观测孔孔壁裂隙发育明显，如图 6-20 所示，说明顶板爆破对坚硬顶板起到了比较明显的预裂作用。

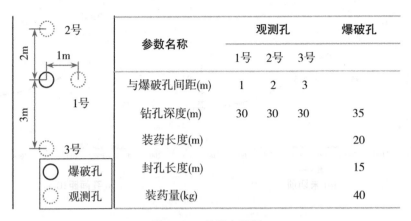

参数名称	观测孔			爆破孔
	1号	2号	3号	
与爆破孔间距(m)	1	2	3	
钻孔深度(m)	30	30	30	35
装药长度(m)				20
封孔长度(m)				15
装药量(kg)				40

图 6-19 钻孔布置图

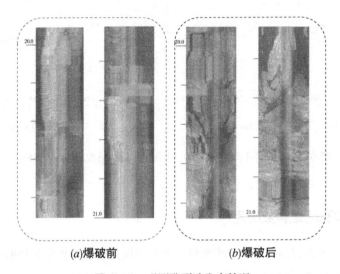

(a)爆破前   (b)爆破后

图 6-20 观测孔裂隙发育情况

通过现场对观测孔窥视记录可以得到如下观测结果：

（1）1 号观测孔在爆破前局部有微小横向原生裂隙，主要区域为孔深 21.2～21.3m、22.1～22.2m、25.1～25.2m 处，总体岩性完整，裂隙发育不明显。爆破后孔壁周围出现纵向裂隙，横向裂隙比爆破前更加发育，主要区域为孔深 13.9～14.0m、19.7～21.1m、21.4～21.5m、21.8～21.9m、23.8～23.9m、24.9～25.1m处。且当窥视仪探测至孔深 26m 处时，由于爆破导致孔径缩小、孔壁坍塌，探头无法继续向上窥视。说明顶板爆破对 1 号观测孔周围岩体起到了比较明显的破坏作用。

（2）2 号观测孔在爆破前除孔深 21.2～21.3m 处有微小横向裂隙发育外，总体岩性完整，裂隙极不发育。爆破后孔壁周围开始出现纵向裂隙及横向裂隙，主要区域为孔深 14.6~14.7m、18.4~18.7m、21.4~21.5m 处。且当窥视仪探测至孔深 24m 处时，由于爆破导致孔径缩小、孔壁坍塌，探头无法继续向上窥视。说明顶板爆破对 2 号观测孔周围岩体也起到了比较明显的破坏作用。

（3）3 号孔在爆破前局部有微小横向原生裂隙，推测为岩层分界面，主要区域为孔深 22.15~22.25m 处，总体岩性完整，裂隙发育不明显。爆破后孔壁周围出现纵向裂隙，横向裂隙比爆破前更加发育，主要区域为孔深 16.7~16.8m、19.9~21.3m、21.4~21.5m 处。且当窥视仪探测至孔深 27m 处时，由于爆破导致孔径缩小、孔壁坍塌，探头无法继续向上窥视。

由上述观测结果可知，爆破裂隙发育可达 3m 以上，再考虑到岩石内原生裂隙及煤层回采后上覆岩层的压覆致裂作用，因此，爆破孔间距可以适当加大，拟设计钻孔间距为 8~10m。

6.6　小结

本章主要针对两种采场结构，根据现场条件设计了不同类型的顶板钻孔，并在不同钻孔参数条件下对两种采场结构的应力场演化特征进行了研究，对各种参数进行了优化选择，主要结论如下：

（1）根据低位岩层弱化与高位关键层弱化的不同思路，共提出了上区段巷道预切顶孔、本工作面面内钻孔、本工作面煤柱上方钻孔 3 类钻孔 12 种方案。

（2）侧向多层悬顶采场结构未施工切顶工程的原始状态下区段煤柱内的应力集中情况较为严重，应力集中区域主要集中在采空区侧区段煤柱内，切顶孔的实施对于顶板及煤层应力分布具有重要影响，且钻孔深度参数直接影响到应力场分布，钻孔深度 30~50m 对缓解煤柱与 No. 2 关键层应力均具有较好效果，为最佳深度。

（3）当区段煤柱两侧均采空后，煤柱就会承担两侧岩层所压覆的力，其结构形态为采空残留悬顶采场结构，未施工切顶工程时残留煤柱及其上部岩层中应力集中情况较为严重。随着钻孔深度的增加，煤柱内应力峰值出现"先增后减再增"的变化规律，钻孔深度为 30~50m 时煤柱内存在合理的应力降低情况。

（4）侧向多层悬顶采场结构条件下，煤柱上方切顶孔可以在煤柱区域内形成明显的应力降低区，煤柱内应力集中区域上移至采空区侧顶板中，沿空巷道两帮应力集中区域也得到了重构，从各种钻孔参数下的采场应力演化可以看出 M-B 与 M-C 钻孔参数对煤柱上方应力弱化效果及巷道两帮应力集中区域转移均具有相对较好的效果。

（5）本工作面煤柱上方切顶孔对采空残留悬顶采场结构煤柱区域应力具有较强的扰动效应，低位切顶孔对下方高应力区扰动较为明显，高位钻孔对上方高应力区产生了较大范围的扰动效应，说明采空残留悬顶采场结构下切顶孔深度对应力场分布具有较大影响。

（6）采空残留悬顶采场结构条件下，本工作面面内切顶孔的实施改变了本工作面上覆岩层的垮落形态，低位钻孔形成的离层一般出现在 No.2 关键层下部位置，而高位钻孔形成的离层出现在了 No.2 关键层中上部位置。随着钻孔深度的增加，煤柱内应力峰值出现了"先增后减"现象，综合考虑本工作面顶板垮落、应力转移情况和钻孔工程量，G-B、G-C 钻孔参数相对较优。

（7）研究发现工作面切顶孔施工超前工作面最小距离为120m，本工作面面内孔间距为20m 左右，本工作面煤柱上方切顶孔及上区段巷道预切顶孔间距在8~10m。

（8）基于现场实际情况，对深孔爆破工艺进行了优化设计，形成了深孔顶板高效稳定预裂爆破技术，满足了顶板深孔爆破快速、安全、稳定的要求。

7

采场冲击地压防控工程
实践

7.1 引言

第 2 章、第 3 章对"采场结构"冲击形态及冲击施载源进行了揭示,对目标关键层位进行了辨识,并找到了特定条件下的诱冲主控因素;第 4 章、第 5 章通过试验和数值模拟手段对爆破诱能降载原理进行了分析,揭示了高应力条件下爆破诱能降载的有效性;第 6 章对各种条件下不同切顶孔参数适用性进行了模拟研究,找到了相对有效的切顶孔参数。本章将以门克庆煤矿为工程背景,运用前几章的研究成果,结合工作面开采状态、上覆关键岩层赋存条件,开展坚硬顶板深孔爆破弱化技术的工程应用,通过现场观测、微震监测、支架压力监测等数据分析,评判顶板爆破工程对采场结构产生的效果,实现采场冲击地压的有效防控。

7.2 门克庆煤矿 3102 工作面

7.2.1 工作面概况及钻孔设计

如第 2 章所述,门克庆煤矿 3102 工作面回风顺槽(沿空巷道)受二次动压影响,冲击显现情况较严重。根据观测,辅助运输巷道底鼓量最大达到 600mm,两帮移近量最大达到 350mm,局部出现网兜及锚杆失效情况。

由于 3101 工作面为首采工作面,其回采后上覆坚硬覆岩极有可能未充分垮落,而且 3102 工作面回风顺槽与采空区之间留有 35m 的区段煤柱,该煤柱为承压型煤柱,内部应力集中程度一旦超过煤柱极限强度就会诱发煤柱冲击。工作面上覆岩层存在多层厚硬砂岩顶板,尤其是 No. 1、No. 2 关键层对工作面回采期间顶板来压强度影响较大,根据分析及钻孔实测发现 3101 采空区侧存在较大面积的悬顶,聚集有大量的弹性能,当能量积聚达到顶板破断条件时,储存的弹性能瞬时释放,引起强烈的矿山震动。另外,回风顺槽侧留设的 35m 区段煤柱受采空区及本工作面回采影响较为突出,煤柱区静载应力水平较高,在采动动载叠加下,对回风顺槽围岩稳定性会产生较大影响,使其危险性进一步升高。

7.2.1.1 本工作面切顶孔

3101 采空区形成后,已经不具备 3101 主运输顺槽施工钻孔的条件,为降低采空区悬顶带来的影响及本工作面顶板的来压强度，此时就需要在3102回风顺槽采取顶板爆破预裂措施对顶板进行处理。本工作面钻孔共分为两类，即本工作面煤柱上方切顶孔、本工作面面内切顶孔，该实施区段距切眼600~950m。根据第6章所列方案，结合现场情况对钻孔参数进行适当调整，得到适用于现场的钻孔参数及爆破参数。

（1）煤柱上方切顶孔施工参数

第6章研究发现M-B钻孔参数对煤柱上方应力弱化及巷道两帮应力集中区域转移均具有较好的效果，结合现场情况，煤柱帮每组布置两个顶板爆破孔，钻孔参数：爆破孔与煤层层面夹角分别为35°、50°，钻孔深度分别为36m、50m，间距为10m，煤柱帮钻孔与生产帮钻孔对齐，方案布置如图7-1所示。

（2）面内切顶孔施工参数

3102回风顺槽本工作面面内切顶孔每组布置三个顶板爆破孔，钻孔参数根据第6章所列G-B、G-C钻孔参数，结合现场情况进行适当调整，具体参数如下：爆破孔与煤层层面夹角分别为35°、48°、60°，钻孔深度分别为50m、45m、50m，保证在一个平面内，孔径均为75mm，间距为20m，方案布置如图7-1所示。

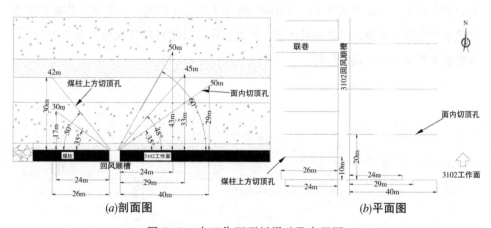

图7-1　本工作面顶板爆破孔布置图

（3）装药参数

该区域顶板爆破采用普通乳化炸药，每米钻孔装药量大约为2kg，因此3102回风顺槽煤柱上方切顶孔每组钻孔装药量总和约为96kg，面内切顶孔每组钻孔装药量总和约为178kg，爆破孔装药具体参数如表7-1所示。

参数名称	煤柱上方切顶孔		面内切顶孔		
	钻孔 M-1	钻孔 M-2	钻孔 G-1	钻孔 G-2	钻孔 G-3
钻孔深度（m）	36	50	50	45	50
钻孔方位角（°）	270	270	90	90	90
煤层层面夹角（°）	35	50	35	48	60
钻孔间距（m）	10	10	20	20	20
孔径（mm）	75	75	75	75	75
装药长度（m）	18	32	32	30	27
封孔长度（m）	18	18	18	15	23
装药量（kg）	32	64	64	60	54
电雷管（个）	2	2	2	2	2
导爆索（m）	19~20	33~34	33~34	31~32	28~29

7.2.1.2 对比方案切顶孔设计

受现场条件所限，工作面防冲工程采用了"分阶段分区域"防冲治理思路，初期运用工程类比法，结合附近矿井防治经验进行了顶板切顶孔设计，本区段工程主要目的有两个：一是快速施工，尽量减少防冲工程施工时间，避免对工作面正常生产进度产生较大影响；二是效果比较，该类钻孔的设计可以实现与本章 7.2.1.1 所提钻孔参数做效果比较的目的。

（1）切顶孔施工参数

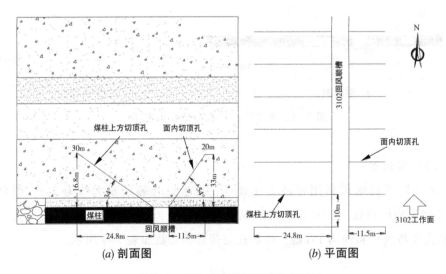

(a) 剖面图   *(b)* 平面图

图 7-2　对比区段顶板爆破孔布置图

爆破钻孔施工方案：3102 工作面回风顺槽距切眼 345~485m 区段共设计 12 组钻孔，每组间距 10m，一组钻孔设计为两个，分别布置在煤柱上方（钻孔 M-1）和本工作面面内上方（钻孔 G-1），与煤层层面夹角分别为 34°、54°，钻孔深度分别为 30m、20m（终孔位置约在 No.1 关键层中粒砂岩上部 2/3 处），孔径为 75mm，如图 7-2 所示。

（2）装药参数

该区域顶板爆破采用普通乳化炸药，爆破孔装药具体参数如表 7-2 所示。

对比区段顶板爆破孔装药参数　　　　　　　　　表 7-2

参数名称	钻孔 M-1	钻孔 G-1	参数名称	钻孔 M-1	钻孔 G-1
钻孔深度（m）	30	20	装药长度（m）	20	10
钻孔方位角（°）	270	90	封孔长度（m）	10	10
煤层层面夹角（°）	34	54	装药量（kg）	40	20
钻孔间距（m）	10	10	电雷管（个）	2	2
孔径（mm）	75	75	导爆索（m）	15~16	11~12

7.2.1.3　上区段预切顶孔

为了防止 3101 工作面回采后出现大面积悬顶情况，缓解 3101 主运输顺槽侧悬顶对区段煤柱及 3102 回风顺槽的影响，需要在 3101 工作面主运输顺槽开展顶板预切顶工程，提前人为制造顶板弱面结构，使 3101 采空区内煤柱侧顶板尽可能提前破断，从而减少对 35m 煤柱及 3102 回风顺槽的影响。

（1）爆破钻孔施工参数

为缓解 3101 工作面主运输顺槽悬顶对 3102 回风顺槽及 35m 煤柱产生的影响，在 3101 主运输顺槽煤柱帮采取顶板预裂爆破措施进行顶板处理，每组布置一个顶板爆破孔，钻孔参数：爆破孔与煤层层面夹角为 60°，钻孔方位角为 175°，根据第 6 章得出的研究结论，上区段巷道预切顶孔钻孔深度为 30~50m 时，对缓解煤柱与 No.2 关键层应力均具有较好的效果。根据现场施工条件，设计孔深为 35m，孔径为 75mm，间距为 8m，布置方案如图 7-3 所示。

（2）装药参数

该区域顶板爆破尽量采用普通乳化炸药，每米钻孔装药量大约为 2kg，设计装药长度为 20m，封孔长度为 15m，每组钻孔装药量约为 40kg。爆破孔装药具体参数如表 7-3 所示。

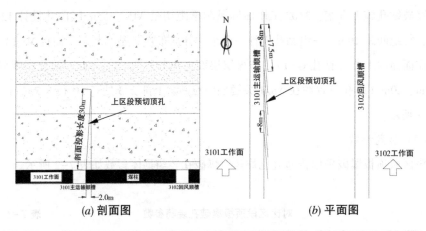

(a) 剖面图 (b) 平面图

图 7-3　上区段顶板爆破孔布置图

上区段顶板爆破孔装药参数　　　　　　　　表 7-3

参数名称	参数值	参数名称	参数值
钻孔深度（m）	35	装药长度（m）	20
钻孔方位角（°）	175	封孔长度（m）	15
煤层层面夹角（°）	60	装药量（kg）	40
钻孔间距（m）	8	电雷管（个）	2
孔径（mm）	75	导爆索（m）	21～22

7.2.2　顶板处理卸压效果检验

7.2.2.1　矿压显现情况分析

不同阶段钻孔参数有所不同，在工作面回采过程中，矿压显现情况也有所不同，因此通过对比工作面在不同区段回采过程中的显现情况，可以比较不同参数下的解危效果。不同卸压区段冲击显现情况如表 7-4 所示。

不同卸压区段冲击显现情况　　　　　　　　表 7-4

区段位置	显现次数（次）	平均显现步距（m）
卸压解危前（0～345m）	6	21.2
对比区段（345～485m）	6	39
本工作面切顶孔实施区段（600～950m）	2	108

从表 7-4 可以看出，采取卸压解危措施前，3102 工作面回风顺槽冲击显现次数为 6 次，平均显现步距为 21.2m；345～485m 对比区段进行巷道顶板致裂爆破后，3102 工作面回风顺槽冲击显现次数为 6 次，步距为 39m。自工作面距切眼 665m 开始，采用了 7.2.1.1 所述切顶孔参数，区域处于"二次见方"影响区域，此区域内采场覆岩运动较为活跃，顶板破断范围更大，释放能量更加剧烈，煤体及工作面压力整体处于高位水平，但采用顶板爆破切顶后此范围内仅出现了 2 次显现，平均来压步距为 108m，且在 2018 年 1 月 26 日采场范围内发生 10^6J 大能量矿震事件时也未造成工作面和两巷破坏，说明在该钻孔参数下卸压解危效果较好。

7.2.2.2 切顶孔区域微震数据分析

图 7-4 所示为 3102 工作面回风顺槽实施切顶爆破钻孔后，工作面回采至切顶孔区域时微震事件分布规律。

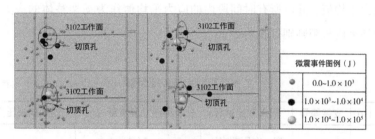

图 7-4 微震事件与切顶孔分布图

由图 7-4 可以看出，工作面推进至切顶孔区域时，该区域低位顶板活动较为剧烈，小能量微震事件较多，且多集中在钻孔区域顶板中，说明工作面回采时，受采动应力影响，顶板爆破孔对顶板的弱化作用明显，顶板破断规律性也较好，有效避免了基本顶等低位顶板出现大面积悬顶，减少了顶板破断释放的动载能量。

同时，工作面回采至顶板爆破孔位置时，煤柱内沿工作面走向方向微震事件出现了良好的线性分布情况，说明该区域内顶板断裂具有方向性，走向切顶作用明显，也有效地减少了大面积悬顶情况，因此通过对微震事件定位分析可知顶板爆破卸压效果明显。

图 7-5 所示为 3102 工作面回采过程中大于 $1.0×10^4$J 微震事件分布图。

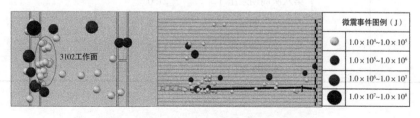

图 7-5 大于 $1.0×10^4$J 微震事件分布图

由图 7-5 可以看出，1.0×10^4 J 微震事件多分布于工作面靠煤柱位置低位顶板中，说明采用切顶爆破后，有效地诱导了低位顶板破断，且破断能量相对较小，对工作面危害降低。大能量事件向高位顶板转移，说明受低位顶板处理影响，高位顶板出现了能量释放与破断现象，说明对低位顶板处理的有效性。回采过程中，出现 2 次 1.0×10^6 J、5 次 1.0×10^5 J 大能量事件，虽然动载能量较大，但经顶板爆破后弱化区的有效衰减后传导至煤层中的能量明显减弱，并未对工作面、巷道造成明显影响，因此也可说明低位顶板爆破工程具有良好效果。

7.2.2.3 支架压力对比分析

为了更准确地反映 3102 工作面顶板周期来压步距，选取 1 个月内 3102 回风顺槽侧 166~176 号支架的监测数据，以每天 24h 中大于 10MPa 的数据取平均作为支架当天的应力平均值，并以所有时间段内的应力平均值作为支架整体的应力平均值。工作面周期来压步距判别见表 7-5。

工作面周期来压步距判别 　　　　　　　　表 7-5

回采区段（m）	支架编号	周期来压过程	分次周期来压步距（m）	平均周期来压步距（m）
345~478	166~176 号	第一次周期来压	25.4	22.3
		第二次周期来压	21.2	
		第三次周期来压	19.3	
		第四次周期来压	24.2	
		第五次周期来压	22.6	
		第六次周期来压	21.2	
610~789	166~176 号	第一次周期来压	21.4	19.87
		第二次周期来压	18.0	
		第三次周期来压	18.5	
		第四次周期来压	21.1	
		第五次周期来压	18.6	
		第六次周期来压	21.0	
		第七次周期来压	19.8	
		第八次周期来压	19.2	
		第九次周期来压	21.2	

本工作面面内切顶孔主要目的是爆破产生顶板弱面，人为控制巷道附近周期来

压步距，避免基本顶大面积悬顶情况出现，通过对比周期来压数据发现：

（1）对比区段工作面回风顺槽侧166～176号支架分次周期来压步距变化范围为19.3～25.4m，极差达到6.1m，平均周期来压步距为22.3m，周期来压步距波动较大。

（2）采用强化参数的面内切顶孔措施后，工作面回风顺槽侧166～176号支架分次周期来压步距变化范围为18.0～21.4m，极差为3.4m，平均周期来压步距为19.87m，周期来压步距相对较为均匀，来压步距降低程度明显，周期来压强度也有所下降。

（3）从支架压力分布情况还可以看出，随着面内切顶孔的实施，工作面压力存在向面内转移的迹象，而且随着卸压强度的增加，应力转移程度进一步提高。前期未卸压、卸压强度较低区域矿压显现时高应力区范围较小，多集中于160号支架至回风顺槽煤柱帮区域（28m范围）；采用本书所述卸压措施后，应力分布出现了扩散转移，100号支架至回风顺槽煤柱帮区域（133m范围）都有应力升高现象，由此说明通过加深顶板爆破孔深度、加大装药量可以将集中于回风顺槽附近的顶板应力向工作面中部方向进行转移，进一步说明补强卸压措施具有良好的效果。

7.2.2.4 3101主运输顺槽顶板破断情况分析

图7-6所示为3101主运输顺槽切顶孔施工区域微震事件分布图，从微震事件变化情况可知，3101主运输顺槽施工预切顶孔前，3101工作面回采期间工作面范围内大能量微震事件一般较少，微震事件能量等级一般在 $1.0×10^4$ J以下，说明工作面回采期间顶板未充分垮落，存在较大面积悬顶，顶板内积聚的能量释放不充分。

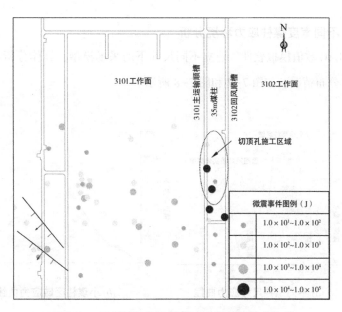

图7-6 上区段巷道切顶孔区域微震事件分布图

3101 主运输顺槽施工预切顶孔后，在 3101 主运输顺槽及 35m 煤柱内出现了 $1.0×10^4J$ 以上的微震事件，且微震事件呈现出明显的线性分布规律，与预切顶孔走向基本相同，说明在预切顶孔作用下，3101 主运输顺槽顶板出现了控制性断裂，35m 煤柱上方顶板产生破断，悬顶情况得到较好缓解。从现场勘查来看，预切顶孔实施以来，3101 主运输顺槽面后顶板垮落情况较好，基本未出现顶板大面积悬露情况，顶板垮落位置与预切顶孔布置位置基本吻合，说明预切顶孔对于改善煤柱采空区侧顶板悬顶状况具有较好效果。

7.2.2.5 钻孔窥视效果分析

采用钻孔窥视方法对爆破后钻孔裂隙发育情况进行观测发现，爆破后钻孔内裂隙明显增多，且出现了较大裂缝，最大宽度达到 6mm 以上，说明爆破在坚硬顶板内较容易产生致裂效果。

7.3 采场冲击地压其他治理思路

7.3.1 煤柱尺寸变更

根据第 3 章研究所得，煤柱尺寸可以直接影响到沿空巷道的应力环境，对沿空巷道应力环境起到了主控因素作用，因此，还可以在已形成的工作面内采取改变煤柱尺寸的方法改变巷道附近应力环境。本节将以门克庆煤矿 3102 工作面为例进行说明。

7.3.1.1 不同宽度煤柱应力环境分析

采用 FLAC 数值模拟软件，建立不同尺寸下的采场模型，具体分析不同煤柱尺寸下的应力分布情况，如图 7-7 和图 7-8 所示。

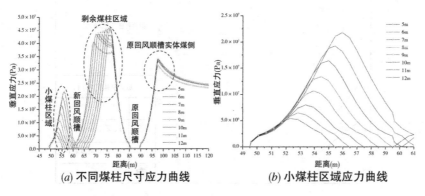

(a) 不同煤柱尺寸应力曲线 (b) 小煤柱区域应力曲线

图 7-7 不同煤柱尺寸下应力分布曲线（小煤柱）

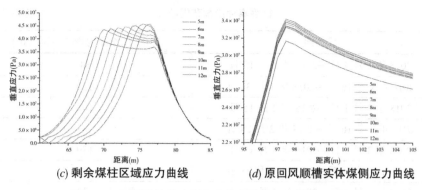

(c) 剩余煤柱区域应力曲线　　　*(d)* 原回风顺槽实体煤侧应力曲线

图7-7　不同煤柱尺寸下应力分布曲线（小煤柱）（续）

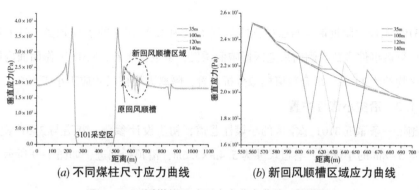

(a) 不同煤柱尺寸应力曲线　　　*(b)* 新回风顺槽区域应力曲线

图7-8　不同煤柱尺寸下应力分布曲线（大煤柱）

（1）沿空小煤柱布置新回风顺槽方案。从图7-7来看，小煤柱宽度为5m时，各区域的应力峰值均相对较低。当沿空小煤柱宽度逐渐增加后，小煤柱区域的应力逐渐升高，煤柱宽度为8m时，小煤柱区域的应力峰值达到10.7MPa，剩余煤柱区域的应力峰值也由40.6MPa升高为44.0MPa。煤柱宽度为12m时，煤柱内应力峰值约为21.8MPa，剩余煤柱内应力峰值则升高为45.7MPa。从沿空煤柱的应力分布情况来看，随着煤柱宽度的增大，煤柱中的应力峰值总体呈不断升高的趋势，因此从沿空巷道采空区侧煤柱中应力集中程度的角度分析，煤柱宽度应尽量小，可以选择5~8m煤柱进行沿空小煤柱采场布置。

（2）隔离大煤柱布置新回风顺槽方案。从图7-8可以看出，采空区侧向应力影响范围约为240m，从应力集中程度来看，距采空区100m位置应力集中系数为1.19，应力集中系数已经相对较小，因此，从模拟结果来看隔离大煤柱尺寸应大于100m。

提取2018年1月4日至4月16日的微震数据，分析受采空区影响的超前微震事件影响范围，如表7-6所示。

微震事件影响范围统计　　　　　　　　表 7-6

日　期	3102 工作面内影响范围（m）
2018 年 1 月 4 日—2018 年 1 月 15 日	84
2018 年 1 月 16 日—2018 年 1 月 31 日	120
2018 年 2 月 1 日—2018 年 2 月 15 日	102
2018 年 2 月 16 日—2018 年 2 月 28 日	137
2018 年 3 月 1 日—2018 年 3 月 15 日	179
2018 年 3 月 16 日—2018 年 3 月 31 日	139
2018 年 4 月 1 日—2018 年 4 月 16 日	132
平均值（去掉误差较大数据）	119

3102 工作面附近低位岩层中微震能量等级为 1.0×10^4J 的事件较多，且上述沿空侧的微震事件多数受侧向采空区影响而诱发，从数据来看，3102 工作面面内影响范围平均约为 119m，结合数值模拟分析来看，隔离大煤柱尺寸应不小于 120m。

7.3.1.2　沿空小煤柱布置

施工一条靠近 3101 采空区的小煤柱巷道，初步设计参数：巷道与 3101 采空区间隔宽 5~8m 的小煤柱，巷道尺寸为 5.4m×3.6m，沿顶板掘进，如图 7-9 所示。

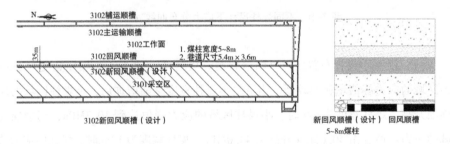

图 7-9　沿空小煤柱掘巷示意图

7.3.1.3　隔离大煤柱布置

在现有采场布置基础上，增加 80m 采空区隔离煤柱，重新施工 3102 新回风顺槽，即重新布局后煤柱宽度不小于 120m，尺寸为 5.4m×3.6m，沿顶板掘进，如图 7-10 所示。

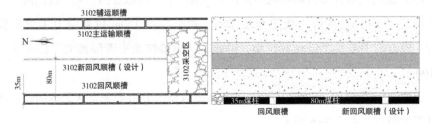

图 7-10　隔离大煤柱掘巷示意图

7.3.1.4 煤柱尺寸变更效果分析

由于门克庆煤矿目前还无煤柱尺寸变更的回采工作面，因此调研附近相似条件下的矿井煤柱留设案例进行效果分析。

（1）巴彦高勒煤矿煤柱尺寸变更效果

巴彦高勒煤矿为呼吉尔特矿区投产最早的矿井之一，矿井主采煤层3-1煤层埋深大于610m，煤层直接顶为12.2m的砂质泥岩，老顶为13.45m的中粒砂岩，老顶上方为3.5m的砂质泥岩与中粒砂岩互层以及13.45m的中粒砂岩。煤层区域地质构造简单，煤层倾向300°~320°，倾角1°~4°。工作面回采过程中未揭露明显断层。矿井102工作面、103工作面均布置有30m区段煤柱，在两工作面回采期间沿空巷道相继出现了不同程度的顶板下沉、底鼓、鼓帮等动力现象，尤其是103工作面"8.26"动压显现事故破坏范围达到了300m，给矿井安全生产带来了极大的影响。

为了改善沿空巷道的应力环境，缓解煤柱的主控影响，在202工作面采用了区段6m小煤柱沿空掘巷措施，并配合实施顶板弱化措施。202工作面回采期间，面后垮落情况良好，沿空巷道除了小煤柱有部分变形外，巷道情况良好，未发生动力显现事件。说明6m尺寸小煤柱对沿空巷道防冲安全具有积极效果。

（2）石拉乌素煤矿煤柱尺寸变更效果

石拉乌素煤矿位于呼吉尔特矿区最东部，与葫芦素煤矿和矿区2号勘查区相邻，现有勘探资料显示石拉乌素煤矿内未发现落差较大断层，地层倾角小于4°，地质构造相对简单，该煤矿共有9层可采煤层，各煤层埋深在620~860m。

石拉乌素煤矿在推行小煤柱沿空掘巷之前，于221上17工作面与221上18工作面之间尝试了120m区段隔离大煤柱措施，目前工作面已经顺利回采结束，工作面回采期间无明显矿压显现，说明大煤柱隔离效果良好。

7.3.2 高位措施巷防冲工程设计

由于3102工作面回风顺槽静载应力较高，受冲击地压威胁严重，且目前的顶板爆破工艺对处理高位顶板（如No.2或No.3关键层）存在难度，因此可以采取在No.2或No.3关键层附近施工一条高位措施巷，用于高位关键层的爆破弱化处理，本节以No.2关键层高位措施巷为例进行说明。根据本书第3章图3-9（c）可知，3101工作面回采后，No.2关键层处应力峰值位于35m煤柱采空区切顶线上方，应力值约为27.5MPa，应力集中系数为1.74，3102回风顺槽正上方No.2关键层处应力值约为24.6MPa，应力集中系数为1.56。整体来说应力集中程度并不严重，为了更好地处理采空区侧高位悬顶结构，可以将高位措施巷布置在3102回风顺槽上方。

7.3.2.1 爆破钻孔施工参数

（1）在高位措施巷两帮每组布置 6 个顶板爆破孔，两帮对称布置，钻孔参数：爆破孔与煤层层面夹角分别为 35°、55°、75°，钻孔深度分别为 50m、45m、42m，保证在一个平面内，孔径均为 75mm，CR1～CR3 间距为 20m，CR4～CR6 间距为 10m。

（2）在高位措施巷底板每组布置 4 个底板爆破孔，两侧对称布置，钻孔参数：爆破孔与煤层层面夹角分别为-35°、-70°，钻孔深度均为 20m，保证在一个平面内，孔径均为 75mm，CF1～CF2 间距为 10m，CF3～CF4 间距为 20m。

（3）在 3102 回风顺槽每组布置 4 个顶板爆破孔，其中生产帮 2 个，钻孔编号为 HR1 与 HR2，钻孔参数：爆破孔与煤层层面夹角分别为 35°、48°，钻孔深度分别为 50m、45m，保证在一个平面内，孔径均为 75mm，间距为 20m；煤柱帮 2 个，钻孔编号为 HR3 与 HR4，钻孔参数：爆破孔与煤层层面夹角分别为 48°、35°，钻孔深度分别为 42m、30m，保证在一个平面内，孔径均为 75mm，间距为 10m。

方案布置如图 7-11 所示。

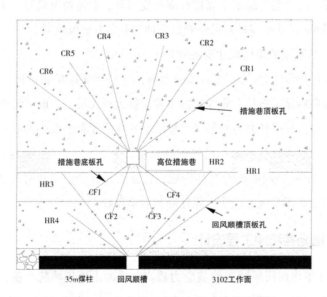

图 7-11 高位措施巷组合爆破孔剖面图

7.3.2.2 装药参数

高位措施巷顶板爆破采用普通乳化炸药，每米钻孔装药量大约为 2kg，因此每组钻孔装药量总和均为 676kg；3102 回风顺槽顶板爆破每组钻孔装药量总和均为 664kg。高位措施巷底板爆破采用普通乳化炸药，每米钻孔装药量大约为 2kg，因此每组钻孔装药量总和为 276kg。组合爆破孔装药参数如表 7-7 所示。

参数名称	高位措施巷钻孔										3102 回风顺槽钻孔			
	CR1	CR2	CR3	CR4	CR5	CR6	CF1	CF2	CF3	CF4	HR1	HR2	HR3	HR4
钻孔深度(m)	50	45	42	42	45	50	20	20	20	20	50	45	42	30
钻孔方位角(°)	90	90	90	270	270	270	270	270	90	90	90	90	270	270
煤层层面夹角(°)	35	55	75	75	55	35	−35	−70	−70	−35	35	48	48	35
钻孔间距(m)	20	20	20	10	10	10	10	10	20	20	20	20	10	10
孔径(mm)	75	75	75	75	75	75	75	75	75	75	75	75	75	75
装药长度(m)	35	30	27	27	30	35	10	10	10	10	35	30	27	15
封孔长度(m)	15	15	15	15	15	15	15	15	15	15	15	15	15	15
装药量(kg)	70	60	54	54	60	70	20	20	20	20	70	60	54	30
电雷管(个)	2	2	2	2	2	2	2	2	2	2	2	2	2	2
导爆索(m)	37	32	29	29	32	37	12	12	12	12	37	32	29	17

组合爆破孔装药参数　　　表 7-7

7.4 小结

本章以门克庆煤矿 3102 工作面为主要工程背景，结合本书前几章的研究成果，优化各种条件下的切顶孔参数，并进行现场实施，运用微震、支架压力、现场观测等多种手段对实施效果进行了评判，主要结论如下：

（1）根据门克庆煤矿 3102 工作面实际情况，对回风顺槽及上区段巷道切顶钻孔施工参数进行了详细设计。本工作面煤柱上方每组设计布置两个顶板爆破孔，钻孔参数：爆破孔与煤层层面夹角分别为 35°、50°，钻孔深度分别为 36m、50m，间距为 10m；本工作面面内切顶孔每组布置三个顶板爆破孔，钻孔参数：爆破孔与煤层层面夹角分别为 35°、48°、60°，钻孔深度分别为 50m、45m、50m，间距为 20m；3101 主运输顺槽煤柱帮每组布置一个顶板爆破孔，钻孔参数：爆破孔与煤层层面夹角为 60°，钻孔方位角为 175°，设计孔深为 35m，间距为 8m。

（2）爆破切顶后通过对 3102 工作面矿压显现统计分析、微震数据分析、支架压力数据分析发现，工作面切顶孔实施后，尤其是工程力度较大的区域内，工作面冲击显现平均步距增加明显，当工作面推采至切顶孔附近时，顶板中较大能量的微震事件多分布于钻孔附近，且面内切顶爆破后集中于回风顺槽附近的顶板应力向工作面中部方向进行了转移。

（3）3101 主运输顺槽施工预切顶孔后，较大能量微震事件呈现出明显的线性分布规律，与钻孔施工方向基本吻合，面后顶板垮落情况较好，基本未出现顶板大面积悬露情况，爆破后钻孔内裂隙明显增多，出现了宽度6mm以上的较大裂缝，说明顶板爆破具有良好效果。

（4）提出了采场冲击地压防治的其他治理思路，如区段煤柱尺寸变更、高位措施巷等，对措施提出依据进行了研究，并对相关参数开展了设计，通过比较矿区其他矿井工程实例发现区段煤柱尺寸的改变可以较好地改善沿空巷道应力环境。

8

结论

本书基于内蒙古呼吉尔特矿区冲击地压现状，开展了采场冲击地压诱冲机理及爆破减压降冲原理研究。揭示了采场结构冲击施载源的作用机理，进行了爆破卸压控制原理试验研究和现场验证，本书取得的主要成果与结论如下：

（1）采场冲击显现案例揭示了冲击地压显现特征和形式

呼吉尔特矿区几乎所有矿井的临空工作面均出现过冲击显现，从现场冲击显现位置及大能量矿震事件定位情况来看，坚硬顶板条件下临空巷道为冲击易发区域，多表现为煤柱与底板冲击。而从工作面支架工作阻力及工作面微震事件统计可以看出，在采场覆岩运动过程中，工作面区域内会呈现出小周期显现、大周期显现与特殊显现3种显现形式。

（2）冲击显现区域性特点反映了采场结构的不同形态

根据冲击显现形式及顶板覆岩运动的一般规律，将简单地质构造坚硬顶板宽煤柱采场结构分为两类：侧向多层悬顶采场结构、采空残留悬顶采场结构。结构的基本组成可分为"冲击施载结构"与"冲击承载结构"。

侧向采空状态的采场呈现出多层超前悬顶采场结构，其受侧向采后时间影响较大，随着侧向采后时间的延长，结构形态也在持续变化，进而引起沿空巷道区域应力场重分布。若两侧采空，煤柱支承，则采场呈现出采空残留悬顶采场结构形态，支承煤柱的存在对采场结构影响较大，煤柱内应力环境也呈现出独特规律，从煤柱内应力分布状态来看，采空区遗留煤柱内出现了类似"拱形"的应力分布状态，说明采空区遗留煤柱处于失稳破坏阶段，从微震事件积聚规律来看，采空区遗留煤柱附近存在大量微震事件集中，可以看出35m煤柱尺寸具有明显不合理性。

（3）运用三轴承压爆破试验研究证实了爆破诱能降载现象

由爆破试验可以发现，承压砂岩介质内爆破可以产生有效应力降现象，爆破过程及爆破后试样中会伴随有大量声发射能量的释放，说明承压砂岩介质内爆破方法具有诱能降载效果，该效果主要依靠爆破动载与爆破致裂作用来实现。较高载荷条件的试样会出现较大程度的应力降，较低载荷情况下应力降的数值则相对较小。

爆破产生的裂隙主要以爆破孔为中心向外辐射发育，主裂隙发育方向基本与较小应力方向呈小角度相交，个别甚至平行于较小应力方向，说明应力分布对爆破裂隙发育具有重要影响。

（4）采用数值模拟方法进一步研究了不同条件下模型爆破的诱能降载效果

数值模拟发现随着装药量的增加，模型内能量密度逐步增加，模型中最大能量释放等级也有所增加。相同装药量情况下，模型 X、Y、Z 方向承压值的改变对于模型内能量释放具有明显影响，高承压状态下，爆破动载可以使介质内的能量得到较好释放。能量释放分布呈现出环状耗散现象，主要是由于柱状装药使爆破孔环向范围出现了能量集中释放，但在装药段两端的封孔区域也出现了较明显的能量释放现象，说明爆破动载对承压环境模型具有明显破坏效果。

在相同装药量与加载应力条件下，不同煤岩介质表现出了不同爆破致裂效果，硬度较低的煤岩介质中储存的能量会得到较好的释放，而硬度较高的煤岩介质则相对较差，说明介质的物理力学性质对于爆破致裂效果具有明显影响。

（5）根据高低位岩层弱化思路和现场施工条件综合优化了顶板钻孔施工参数

顶板深孔爆破主要目的是切断顶板结构，改变应力场分布，在不同采场布置条件下，切顶钻孔参数也会产生不同变化。根据低位岩层弱化与高位关键层弱化的不同思路，可分为上区段巷道预切顶孔、本工作面面内钻孔、本工作面煤柱上方钻孔三类顶板预裂钻孔。

通过对不同步距顶板钻孔条件下顶板运移、应力分布及爆破致裂情况进行研究得到工作面切顶孔施工超前工作面最小距离为120m，本工作面面内孔最优孔间距为20m左右，本工作面煤柱上方切顶孔及上区段巷道预切顶孔间距在8～10m。

（6）顶板爆破预裂工程实践有效验证了各类切顶爆破工程实施后效果良好

基于现场实际情况，对深孔爆破工艺进行了优化设计，形成了深孔顶板高效稳定预裂爆破技术，并针对性研发了装药被筒、SJHS60/200型袋装封孔剂、FQ-50风动封孔器等深孔顶板爆破装备，满足了顶板深孔爆破快速、安全、稳定的要求。

本工作面巷道中的两类钻孔爆破后工作面冲击显现平均步距增加明显，当工作面推采至切顶孔附近时，顶板中较大能量的微震事件多分布于钻孔附近。上区段工作面的较大能量微震事件呈现出明显的线性分布规律，与上区段巷道预切顶孔施工方向基本吻合，爆破后钻孔内裂隙明显增多，说明顶板爆破具有良好效果。

参考文献

[1]国家统计局. http://www.stats.gov.cn/.

[2]中国煤炭工业协会. http://www.coalchina.org.cn/.

[3]中华人民共和国自然资源部. https://www.mnr.gov.cn/.

[4]DOU L M, MU Z L, LI Z L, et al. Research progress of monitoring, forecasting, and prevention of rockburst in underground coal mining in China[J]. International journal of coal science & technology, 2014, 1(3): 278-288.

[5]CAO A Y, DOU L M, CAI W, et al. Case study of seismic hazard assessment in underground coal mining using passive tomography[J]. International journal of rock mechanics & mining sciences, 2015, 78: 1-9.

[6]姜耀东, 潘一山, 姜福兴, 等. 我国煤炭开采中的冲击地压机理和防治[J]. 煤炭学报, 2014(2): 205-213.

[7]李振雷. 厚煤层综放开采的降载减冲原理及其工程实践[D]. 徐州: 中国矿业大学, 2016.

[8]牛广军. 坚硬顶板综采工作面矿压显现规律研究[D]. 徐州: 中国矿业大学, 2014.

[9]孔维锋. 坚硬顶板条件下采动岩体能量分布规律与矿压显现特征[J]. 煤矿安全, 2017, 48(9): 194-196.

[10]汤建泉. 坚硬顶板条件冲击地压发生机理及控制对策[D]. 北京: 中国矿业大学, 2016.

[11]曹胜根, 姜海军, 王福海, 等. 采场上覆坚硬岩层破断的数值模拟研究[J]. 采矿与安全工程学报, 2013, 30(2): 205-210.

[12]邹方升. 采场上覆高位厚层岩浆岩破断规律与冲击危险性研究[D]. 青岛: 山东科技大学, 2015.

[13]蒋金泉, 王普, 武泉林, 等. 高位硬厚岩层弹性基础边界下破断规律的演化特征[J]. 中国矿业大学学报, 2016, 45(3): 490-499.

[14]张培鹏, 蒋力帅, 刘绪峰, 等. 高位硬厚岩层采动覆岩结构演化特征及致灾规律[J]. 采矿与安全工程学报, 2017, 34(5): 852-860.

[15]中华人民共和国应急管理部. https://www.mem.gov.cn/.

[16]TAN Y L, YU F H, NING J G, et al. Design and construction of entry retaining wall along a gob side under hard roof stratum[J]. International journal of rock mechanics & mining sciences, 2015, 77: 115-121.

[17]GU S T, JIANG B Y,WANG G S, et al. Occurrence mechanism of roof-fall accidents in large-section coal seam roadways and related support design for bayangaole coal mine, China[J]. Advances in civil engineering, 2018, 7: 17.

[18]GU S T, JIANG B Y,PAN Y, et al. Bending moment characteristics of hard roof before first breaking of roof beam considering coal seam hardening[J]. Shock and vibration, 2018, 10: 22.

[19]邹德蕴, 姜福兴. 煤岩体中储存能量与冲击地压孕育机理及预测方法的研究[J]. 煤炭学报, 2004, 29(2): 159-163.

[20]DAS S K. Observations and classification of roof strata behaviour over longwall coal mining panels in India[J]. International journal of rock mechanics & mining sciences, 2000, 37(4): 585-597.

[21]李新元, 马念杰, 钟亚平, 等. 坚硬顶板断裂过程中弹性能量积聚与释放的分布规律[J]. 岩石力学与工程学报, 2007, 26(Sup1): 2786-2793.

[22]WANG Z Q, YANG H,CHANG Y B, et al. Research on the height of caving zone and roof classification of mining whole height at one times in thick coal seam[J]. Applied mechanics & materials, 2011, 99-100: 207-212.

[23]HE H, DOU LM, FAN J, et al. Deep-hole directional fracturing of thick hard roof for rockburst prevention[J]. Tunnelling & underground space technology, 2012, 32(6): 34-43.

[24]方新秋, 窦林名, 柳俊仓, 等. 大采深条带开采坚硬顶板工作面冲击矿压治理研究[J]. 中国矿业大学学报, 2006, 35(5): 602-606.

[25]ZHAO T, LIU C Y, YETILMEZSOY K, et al. Segmental adjustment of hydraulic support setting load in hard and thick coal wall weakening: A study of numerical simulation

and field measurement[J]. Journal of geophysics & engineering, 2018: 2481-2491.

[26]ZHAO T, LIU C Y. Roof instability characteristics and pre-grouting of the roof caving zone in residual coal mining [J]. Journal of geophysics & engineering, 2017: 1463-1474.

[27]王涛, 由爽, 裴峰, 等. 坚硬顶板条件下临空煤柱失稳机制与防治技术[J]. 采矿与安全工程学报, 2017, 34(1): 54-59.

[28]吴龙泉, 朱友恒, 张明鹏, 等. 回采巷道强矿压显现发生机理及防治措施[J]. 煤矿安全, 2016, 47(11): 219-221.

[29]苏振国. 胡家河煤矿特厚坚硬煤层煤柱区冲击矿压 规律及防治研究[D]. 徐州: 中国矿业大学, 2015.

[30]魏东, 贺虎, 秦原峰, 等. 相邻采空区关键层失稳诱发矿震机理研究[J]. 煤炭学报, 2010(12):1957-1962.

[31]李振雷, 窦林名, 蔡武, 等. 深部厚煤层断层煤柱型冲击矿压机制研究[J]. 岩石力学与工程学报, 2013, 32(2): 333-342.

[32]CAO A Y, DOU L M, WANG C B, et al. Microseismic precursory characteristics of rock burst hazard in mining areas near a large residual coal pillar: A case study from Xuzhuang Coal Mine, Xuzhou, China[J]. Rock mechanics & rock engineering, 2016, 49(11): 1-16.

[33]潘岳, 王志强. 狭窄煤柱冲击地压的折迭突变模型[J]. 岩土力学, 2004, 25(1): 23-30.

[34]贺虎. 煤矿覆岩空间结构演化与诱冲机制研究[J]. 煤炭学报, 2012(7): 1245-1246.

[35]EVANS W H. The strength of undermined strata[J]. Tran. Bull. of Inst. Min. and Met., 1941: 475-332.

[36]HACKETT P. Rock mechanics and mining engineering[J]. Mine and quarry engineering, 1962, 28(5): 215-219.

[37]钱鸣高, 缪协兴, 许家林, 等. 岩层控制的关键层理论[M]. 徐州:中国矿业大学出版社,2002.

[38] 许家林. 岩层移动与控制的关键层理论及其应用[J]. 岩石力学与工程学报, 2016, 19(1): 28.

[39] 宋振骐. 实用矿山压力控制[M]. 徐州: 中国矿业大学出版社, 1988.

[40] 卢国志, 汤建泉, 宋振骐. 传递岩梁周期裂断步距与周期来压步距差异分析[J]. 岩土工程学报, 2010, 32(4): 538-541.

[41] 窦林名, 贺虎. 煤矿覆岩空间结构 OX-F-T 演化规律研究[J]. 岩石力学与工程学报, 2012(3): 453-460.

[42] 贺虎, 窦林名, 巩思园, 等. 覆岩关键层运动诱发冲击的规律研究[J]. 岩土工程学报, 2010(8): 1260-1265.

[43] DOU L M, HE X Q, HE H, et al. Spatial structure evolution of overlying strata and inducing mechanism of rockburst in coal mine[J]. Transactions of Nonferrous metals society of China, 2014, 24(4): 1255-1261.

[44] 曹安业, 朱亮亮, 李付臣, 等. 厚硬岩层下孤岛工作面开采"T"型覆岩结构与动压演化特征[J]. 煤炭学报, 2014, 39(2): 328-335.

[45] 侯玮, 霍海鹰. "C"型覆岩空间结构采场岩层运动规律及动压致灾机理[J]. 煤炭学报, 2012, 37(Sup2): 269-274.

[46] 史红, 王存文, 孔令海. "S"型覆岩空间结构残留煤柱冲击失稳的力学机理探讨[C]//中国岩石力学与工程学会. 第十二次全国岩石力学与工程学术大会会议论文摘要集. 南京, 2012: 129-130.

[47] 于斌, 朱卫兵, 高瑞, 等. 特厚煤层综放开采大空间采场覆岩结构及作用机制[J]. 煤炭学报, 2016, 41(3): 571-580.

[48] 邸帅, 王继仁, 宋桂军. 8.5m 采高综采工作面顶板运动及支承压力分布特征理论研究[J]. 煤炭学报, 2017, 42(9): 2254-2261.

[49] 刘长友, 杨敬轩, 于斌, 等. 多采空区下坚硬厚层破断顶板群结构的失稳规律[J]. 煤炭学报, 2014(3): 395-403.

[50] ZHAO T, LIU C Y, KAAN Y, et al. Realization and engineering application of

hydraulic support optimization in residual coal remining [J]. Journal of intelligent & fuzzy systems, 2017 (32) : 2207-2219.

[51]蒋金泉, 张培鹏, 秦广鹏, 等. 高位主关键层破断失稳及微震活动分析[J]. 岩土力学, 2015(12): 3567-3575.

[52]蒋金泉, 王普, 武泉林, 等. 上覆高位岩浆岩下离层空间的演化规律及其预测[J]. 岩土工程学报, 2015(10): 1769-1779.

[53]COOK N G W. The failure of rock [J]. International journal of rock mechanics and mining sciences, 1965, 2: 389-403.

[54]COOK N G W. A note on rockbursts considered as a problem of stability [J]. Journal of the south african institute of mining and metallurgy, 1965, 65: 437-446.

[55]LINKQV A M. Rockbursts and the instability of rock masses [J]. International journal of rock mechanics & mining science & geomechanics abstracts, 1996, 33: 727-732.

[56]WAWERSIK W K, FAIRHURST C A. A study of brittle rock fracture in laboratory compression experiments [J]. International journal of rock mechanics & mining science & geomechanics abstracts, 1970, 7: 561-575.

[57]HUDSON J A, CROUSH S L, FAIRHURST C. Soft, stiff, and servo-controlled testing machines: a review with reference to rock failure [J]. Engineering geology, 1972, 6: 155-189.

[58]COOK N G W, HOEK E, PRETORIUS J P G, et al. Rock mechanics applied to the study of rockbursts [J]. J Journal of the south african institute of mining and metallurgy, 1966, 66: 435-528.

[59]PETUKHOV I M, LINKOV A M. The theory of rockbursts and outbursts [M]. Moscow: Nedra, 1983.

[60]BIENIAWSKI Z T. Mechanism of brittle fracture of rocks. Part Ⅰ, Ⅱ and Ⅲ [J]. International journal of rock mechanics & mining science & geomechanics abstracts, 1967, 6: 395-430.

[61]齐庆新, 彭永伟, 李宏艳, 等. 煤岩冲击倾向性研究[J]. 岩石力学与工程学报,

2011, 30(Sup1)：2736-2742.

[62] BIENIAWSKI Z T, DENKHAUS H G, VOGLER U W. Failure of fracture rock [J]. International journal of rock mechanics & mining science & geomechanics abstracts, 1969, 6：323-341.

[63] 姚精明，闫永业，李生舟，等. 煤层冲击倾向性评价损伤指标[J]. 煤炭学报，2011, 36(Sup2)：353-357.

[64] CAI W, DOU L M, GONG S Y, et al. A principal component analysis/fuzzy comprehensive evaluation model for coal burst liability assessment [J]. International journal of rock mechanics and mining sciences, 2016, 81：62-69.

[65] 李玉生. 冲击地压机理及其初步应用[J]. 中国矿业学院学报, 1985(3)：37-43.

[66] 杨凡杰，周辉，卢景景，等. 岩爆发生过程的能量判别指标[J]. 岩石力学与工程学报, 2015(Sup1)：2706-2714.

[67] 张志镇，高峰，许爱斌，等. 冲击地压危险性的集对分析评价模型[J]. 中国矿业大学学报，2011, 40(3)：379-384.

[68] 齐庆新，刘天泉，史元伟. 冲击地压的摩擦滑动失稳机理[J]. 矿山压力与顶板管理，1995(3/4)：174-177.

[69] 尹光志，李贺，鲜学福，等. 煤岩体失稳的突变理论模型[J]. 重庆大学学报，1994(1)：23-28.

[70] 张玉祥，陆士良. 矿井动力现象的突变机理及控制研究[J]. 岩土力学，1997, 18(1)：88-92.

[71] 潘一山，章梦涛. 用突变理论分析冲击发生的物理过程[J]. 阜新矿业学院学报，1992(1)：12-18.

[72] 张黎明，王在泉，张晓娟，等. 岩体动力失稳的折迭突变模型[J]. 岩土工程学报，2009, 31(4)：552-557.

[73] 谢和平，PARISEAU W G. 岩爆的分形特征和机理[J]. 岩石力学与工程学报，1993, 12(1)：28-37.

[74] 李廷芥，王耀辉，张梅英，等. 岩石裂纹的分形特性及岩爆机理研究[J]. 岩石力

学与工程学报, 2000(1): 6-10.

[75] 李玉, 黄梅, 廖国华. 冲击地压发生前微震活动时空变化的分形特征[J]. 北京科技大学学报, 1995(1): 10-13.

[76] JIANG B Y, WANG L G, LU Y L, et al. Combined early warning method for rockburst in a Deep Island, fully mechanized caving face[J]. Arabian journal of geosciences, 2016, 9 (20): 743.

[77] TAN Y L, YIN Y C, GU S T, et al. Multi-index monitoring and evaluation on rock burst in yangcheng mine[J]. Shock & vibration, 2015: 1-5.

[78] CAO A Y, DOU L M, LUO X, et al. Seismic effort of blasting wave transmitted in coal-rock mass associated with mining operation [J]. Journal of Central South University, 2012, 19(9): 2604-2610.

[79] 窦林名, 曹安业, 巩思园, 等. 采矿地球物理学矿山震动[M]. 徐州:中国矿业大学出版社, 2016.

[80] BAI Q S, TU S H, WANG F T, et al. Field and numerical investigations of gateroad system failure induced by hard roofs in a longwall top coal caving face [J]. International journal of coal geology, 2017, 173: 176-199.

[81] ZHOU H, MENG F Z, ZHANG C Q, et al. Analysis of rockburst mechanisms induced by structural planes in deep tunnels [J]. Bulletin of engineering geology and the environment, 2015, 74(4): 1435-1451.

[82] 齐庆新, 窦林名.冲击地压理论与技术[M]. 徐州:中国矿业大学出版社, 2008.

[83] HE J, DOU L M, MU Z L, et al. Numerical simulation study on hard-thick roof inducing rock burst in coal mine[J]. Journal of Central South University, 2016, 23 (9): 2314-2320.

[84] 牟宗龙. 顶板岩层诱发冲击的冲能原理及其应用研究[J]. 中国矿业大学学报, 2009, 38(1): 149-150.

[85] 徐学锋, 窦林名, 曹安业, 等. 覆岩结构对冲击矿压的影响及其微震监测[J]. 采矿与安全工程学报, 2011, 28(1): 11-15.

[86]吕进国, 姜耀东, 李守国, 等. 巨厚坚硬顶板条件下断层诱冲特征及机制[J]. 煤炭学报, 2014(10): 1961-1969.

[87]窦林名, 曹胜根, 刘贞堂, 等. 三河尖煤矿坚硬顶板对冲击矿压的影响分析[J]. 中国矿业大学学报, 2003, 32(4): 388-392.

[88]谭云亮, 胡善超. 顶板见方来压发生条件分析研究[J]. 煤炭科学技术, 2015(6): 19-22, 130.

[89]张明, 姜福兴, 李克庆, 等. 巨厚岩层-煤柱系统协调变形及其稳定性研究[J]. 岩石力学与工程学报, 2017, 36(2): 326-334.

[90]高明仕, 窦林名, 张农, 等. 煤(矿)柱失稳冲击破坏的突变模型及其应用[J]. 中国矿业大学学报, 2005, 34(4): 433-437.

[91]CAO A Y, DOU L M, CHEN G X, et al. Focal mechanism caused by fracture or burst of a coal pillar [J]. Journal of China University of Mining and Technology, 2008, 18 (2): 153-158.

[92]李新元. "围岩-煤体"系统失稳破坏及冲击地压预测的探讨[J]. 中国矿业大学学报, 2000, 29(6): 633-636.

[93]WILSON A H, ASHWIN D P. Research into the determination of pillar size - Part 1. An hypothesis concerning pillar stability [J]. The mining engineering, 1972, 131 (141): 409-417.

[94]ABEL J F, HOSKINS W N, ABELJ F, et al. Confined core pillar design for Colorado oil shale[J]. Colorado School of Mines(United States), 1976, 71:4.

[95]BARRON K. An analytical approach to the design of coal pillars[J]. CIM bulletin, 1984, 77(868):37-44.

[96]BARRON K. A new method for coal pillar design[C]. Paper presented at the conference on ground movement and control related to coal mining, Wollongong, AusIMM, 1986: 118-124.

[97]QUINTEIRO C R. Modelling yield behaviour of coal pillars - One pillar asymmetric case[R]. School of Mines, University of New South Wales, 1993:35.

[98]SALAMON M D G. Modes of pillar and rib side failure – Development and longwall [D]. University of New South Wales, 1995.

[99]BIENIAWSKI Z T. In-situ large scale testing of coal [C]. Conference on in situ investigations in soils and rock, British Geological Society, London, 1969:67-74.

[100]SINGH M M. Physical properties of rock and minerals [M]. New York: McGraw-Hill, 1981.

[101]BERTUZZI R, DOUGLAS K, MOSTYN G. An Approach to model the strength of coal pillars [J]. International journal of rock mechanics & mining sciences, 2016, 89:165-175.

[102]REED G, MCTYER K, FRITH R. An assessment of coal pillar system stability criteria based on a mechanistic evaluation of the interaction between coal pillars and the overburden [J]. International journal of mining science and technology, 2017, 27 (1):9-15.

[103]HAMID M. Coal pillar mechanics of violent failure in U.S. Mines [J]. International journal of mining science and technology, 2017, 27(3):387-392.

[104]曹胜根, 曹洋, 姜海军. 块段式开采区段煤柱突变失稳机理研究[J]. 采矿与安全工程学报, 2014, 31(6):907-913.

[105]郭文兵, 邓喀中, 邹友峰. 走向条带煤柱破坏失稳的尖点突变模型[J]. 岩石力学与工程学报, 2004, 23(12):1996.

[106]谭毅, 郭文兵, 赵雁海. 条带式 Wongawilli 开采煤柱系统突变失稳机理及工程稳定性研究[J]. 煤炭学报, 2016, 41(7):1667-1674.

[107]谢广祥, 杨科, 刘全明. 综放面倾向煤柱支承压力分布规律研究[J]. 岩石力学与工程学报, 2006, 25(3):545-549.

[108]王连国, 缪协兴. 煤柱失稳的突变学特征研究[J]. 中国矿业大学学报, 2007, 36(1):7-11.

[109]SAWMLIANA C. A new blastability index for hard roof management in blasting gallery method [J]. Geotechnical & geological engineering, 2012, 30(6):1357-1367.

[110] KONICEK P, SOUCEK K, STAS L, et al. Long-hole destress blasting for rockburst control during deep underground coal mining [J]. International journal of rock mechanics & mining sciences, 2013, 61:141-153.

[111] LUKASZ W, KONICEK P, MENDECKI M J, et al. Application of seismic parameters for estimation of destress blasting effectiveness[J]. Procedia engineering, 2017, 191: 750-760.

[112] 高魁, 刘泽功, 刘健, 等. 深孔爆破在深井坚硬复合顶板沿空留巷强制放顶中的应用[J]. 岩石力学与工程学报, 2013(8):1588-1594.

[113] 唐海, 梁开水, 游钦峰. 预裂爆破成缝机制及其影响因素的探讨[J]. 爆破, 2010, 27(3):41-44.

[114] 王方田. 浅埋房式采空区下近距离煤层长壁开采覆岩运动规律及控制[D]. 徐州:中国矿业大学, 2012.

[115] GUO J S, MA L Q, WANG Y, et al. Hanging wall pressure relief mechanism of horizontal section top-coal caving face and its application——A case study of the Urumqi Coalfield, China[J]. Energies, 2017, 10(9):1371.

[116] 伍永平, 李开放, 张艳丽. 坚硬顶板综放工作面超前弱化模拟研究[J]. 采矿与安全工程学报, 2009, 26(3):273-277.

[117] SEDLÁK V. Energy evaluation of de-stress blasting[J]. Acta montanistica slovaca, 1997, 2(1):11-15.

[118] HINZEN K G. Comparison of seismic and explosive energy in five smooth blasting test rounds[J]. International journal of rock mechanics & mining sciences, 1998, 35 (7):957-967.

[119] CHRISTOPHER D, ERNESTO V, ITALO O. Face destressing blast design for hard rock tunnelling at great depth [J]. Tunnelling and underground space technology incorporating trenchless technology research, 2018, 80:257-268.

[120] 徐学锋, 张银亮. 爆破诱发冲击矿压的原因及微震信号的波谱分析[J]. 煤矿安全, 2010, 41(9):123-125.

[121]窦林名,何江,曹安业,等.煤矿冲击矿压动静载叠加原理及其防治[J].煤炭学报,2015,40(7):1469-1476.

[122]窦林名,姜耀东,曹安业,等.煤矿冲击矿压动静载的"应力场-震动波场"监测预警技术[J].岩石力学与工程学报,2017,36(4):803-811.

[123] 徐芝纶.应用弹性力学[M].北京:高等教育出版社,1992.

[124]杨官涛,李夕兵,程刚.地下采场结构参数数值模拟研究[J].矿冶工程,2006,26(5):13-15.

[125]许鸣皋,杨科,闫书缘.近距离煤层群卸压采动应力演化数值模拟[J].辽宁工程技术大学学报,2014(9):1159-1164.

[126]LIU Z G, CAO A Y, ZHU G A, et al. Numerical simulation and engineering practice for optimal parameters of deep-hole blasting in sidewalls of roadway[J]. Arabian journal for science & engineering, 2017, 42(9):1-10.

[127]窦林名,陆菜平,牟宗龙,等.冲击矿压的强度弱化减冲理论及其应用[J].煤炭学报,2005(6):690-694.

[128]LIU Z G, CAO A Y, GUO X S, et al. Deep-hole water injection technology of strong impact tendency coal seam—a case study in Tangkou coal mine[J]. Arabian journal of geosciences, 2018, 11(2):12.

[129]单坤航,李树钟,梁汉轩.深孔爆破卸压防止井下冲击地压研究[J].现代矿业,2011(3):12-15.

[130]LIU Z G, CAO A Y, LIU G L, et al. Experimental research on stress relief of high-stress coal based on noncoupling blasting[J]. Arabian journal for science & engineering, 2018, 43(9):3717-3724.

[131]卢樱,孙霖,陈静,等.黑火药组分测定新方法[J].火工品,2013(4):53-56.

[132]陈秀兰.烟火药[M].北京:国防工业出版社,1982.

[133]JAI PRAKASH AGRAWAL. 高能材料:火药、炸药和烟火药[M]. 欧育湘,韩廷解,芮久后,等译.北京:国防工业出版社,2013.

[134]刘玲,袁俊明,刘玉存,等.自制炸药的冲击波超压测试及 TNT 当量估算[J].

火炸药学报, 2015, 38(2):50-53.

[135]耿慧辉. 爆破动载对新喷混凝土影响的模型试验研究[D]. 北京:中国矿业大学, 2014.

[136]徐颖, 孟益平, 宗琦, 等. 断层带爆炸裂隙区范围及裂纹扩展长度的研究[J]. 岩土力学, 2002, 23(1):81-84.

[137]王辉. 爆炸荷载下岩石爆破损伤断裂机理研究[D]. 西安:西安科技大学, 2003.

[138]邵昌尧, 刘志刚. 深孔不耦合装药爆破技术卸压效果验证[J]. 煤矿开采, 2015 (3):110-113.

[139]杨小林, 王树仁. 岩石爆破损伤断裂的细观机理[J]. 爆炸与冲击, 2000, 20 (3):247-252.

[140]杨小林. 岩石爆破损伤机理及对围岩损伤作用[M]. 北京:科学出版社, 2015.

[141]孙博. 煤体爆破裂纹扩展规律及其试验研究[D]. 焦作:河南理工大学, 2011.

[142]张志呈, 王刚, 杜云贵. 爆破原理与设计[M]. 重庆:重庆大学出版社, 1992.

[143]陈寿峰, 刘殿书, 高全臣, 等. 卸压控制爆破设计方法研究[C]//中国力学学会, 中国工程爆破协会. 第七届全国工程爆破学术会议论文集. 成都, 2001:116 -120.

[144]刘志刚, 曹安业, 朱广安, 等. 不耦合爆破技术在高应力区域卸压效果[J]. 爆炸与冲击, 2018, 38(2):180-186.

[145]吕鹏飞. 聚能爆破煤体增透及裂隙生成机理研究[D]. 北京:中国矿业大学, 2014.

[146]褚怀保, 杨小林, 梁为民, 等. 煤体爆破作用机理模拟试验研究[J]. 煤炭学报, 2011, 36(9):1451-1456.

[147]褚怀保, 杨小林, 梁为民, 等. 煤体爆破损伤规律模拟试验研究[J]. 采矿与安全工程学报, 2011, 28(3):488-492.

[148]孔令强, 张翠芸, 孙景民. 煤体内部爆炸作用的探究与爆破分区的理论计算 [J]. 煤矿爆破, 2010(1):14-17.

[149]肖正学, 张志呈, 郭学彬. 断裂控制爆破裂纹发展规律的研究[J]. 岩石力学与

工程学报,2002,21(4):546-549.

[150]李新平,董千,刘婷婷,等.不同地应力下爆炸应力波在节理岩体中传播规律模型试验研究[J].岩石力学与工程学报,2016,35(11):2188-2196.

[151]HORI N, INOUE N. Damaging properties of ground motions and prediction of maximum response of structures based on momentary energy response[J]. Earthquake engineering & structural dynamics, 2010, 31(9):1657-1679.

[152]AKI K. Quantitative seismology[M]. Univ Science Books, 1980.

[153]MADARIAGA R. Dynamics of an expanding circular fault[J]. Bull.seism.soc.am, 1976, 66(3):639-666.

[154]刘艳,许金余.地应力场下岩体爆体的数值模拟[J].岩土力学,2007,28(11):2485-2488.

[155]NELSON S M, TOOLE B J. Computational analysis of blast loaded composite cylinders[J]. International journal of impact engineering, 2018:26-39.

[156]DING C, NGO T, MENDIS P, et al. Dynamic response of double skin façades under blast loads[J]. Engineering structures, 2016, 123:155-165.

[157]苏国韶,张小飞,符兴义,等.爆炸荷载作用下岩体振动特性的 DE-FLAC~(3D)数值模拟方法[J].北京理工大学学报,2009,29(6):471-474.

[158]李鹏,周佳,李振.爆炸应力波在层状节理岩体中传播规律及数值模拟[J].长江科学院院报,2018,35(5):97-102.

[159]蒋邦友.深部复合地层隧道 TBM 施工岩爆孕育及控制机理研究[D].徐州:中国矿业大学,2017.

[160]钟明寿,龙源,李兴华,等.基于炮孔不同耦合介质的孔壁爆炸载荷及比能时间函数分析[J].振动与冲击,2011,30(7):116-119.

[161]金朋刚,郭炜,王建灵,等.密闭条件下 TNT 的爆炸压力特性[J].火炸药学报,2013,36(3):39-41.

[162]张奇.炸药与岩石的爆炸作用及其匹配[J].煤炭科学技术,1990(7):51-53.

[163]岳中文,张士春,邱鹏,等.切缝药包微差爆破爆生裂纹扩展机理[J].煤炭学

报, 2018, 43(3):638-645.

[164]范光华. 初始应力下岩石爆破过程模拟研究[D]. 沈阳:东北大学, 2014.

[165]严鹏, 卢文波, 许红涛. 高地应力条件下隧洞开挖动态卸荷的破坏机理初探[J]. 爆炸与冲击, 2007, 27(3):283-288.

[166]杨栋, 李海波, 夏祥, 等. 高地应力条件下爆破开挖诱发围岩损伤的特性研究[J]. 岩土力学, 2014(4):1110-1116.

[167]肖正学, 张志呈, 李端明. 初始应力场对爆破效果的影响[J]. 煤炭学报, 1996(5):497-501.

[168]褚怀保. 煤体爆破作用机理及试验研究[D]. 焦作:河南理工大学, 2011.

[169]吕涛, 李海波, 周青春, 等. 传播介质特性对爆破振动衰减规律的影响[J]. 防灾减灾工程学报, 2008, 28(3):335-341.

[170]褚怀保, 杨小林, 余永强, 等. 煤体爆破模拟材料选择试验研究[J]. 煤炭科学技术, 2010, 38(5):31-33.

[171]来兴平, 崔峰, 曹建涛, 等. 特厚煤体爆破致裂机制及分区破坏的数值模拟[J]. 煤炭学报, 2014, 39(8):1642-1649.

[172]张宝康. 孔壁岩石裂缝起裂扩展的动态数值模拟[D]. 青岛:中国石油大学(华东), 2008.

[173]WANG X B, MA J, LIU L Q. A comparison of mechanical behavior and frequency-energy relations for two kinds of echelon fault structures through numerical simulation [J]. Pure & applied geophysics, 2012, 169(11):1927-1945.

[174]ARORA J S, DUTTA A. Explicit and implicit methods for design sensitivity analysis of nonlinear structures under dynamic loads[J]. Applied mechanics reviews, 1997, 50(11S).

[175]赵占全. 石拉乌素煤矿多层复合岩层大巷围岩稳定性控制技术研究[D]. 徐州:中国矿业大学, 2015.